Technische Kuriositäten

Walter Conrad **Technische**

KURiOSiTAeTEN

Urania-Verlag
Leipzig · Jena · Berlin

Mit Illustrationen von Werner Ruhner

Conrad, Walter
Technische Kuriositäten / Walter Conrad. [Mit Ill. von Werner Ruhner]. –
3. Aufl. – Leipzig; Jena; Berlin : Urania-Verlag, 1989. –
216 S. : 145 Ill.   ISBN 3-332-00124-8

ISBN 3-332-00124-8

3. Aufl. 1989
Alle Rechte vorbehalten
© Urania-Verlag Leipzig · Jena · Berlin
Verlag für populärwissenschaftliche Literatur,
Leipzig 1985
VLN 212-475/143/89
LSV 3009
Lektoren: Inge Steinhäußer/Manfred Quaas
Typografie: Lothar Gabler (Mitarbeit Dolores Rothe)
Schutzumschlag und Einband: Lothar Gabler und Werner Ruhner
Printed in the German Democratic Republic
Satz: Karl-Marx-Werk Pößneck V 15/30
Druck: Druckwerkstätten Stollberg
Einband: Buchbinderei Südwest Leipzig
Reproduktion: Sachsendruck Plauen
Best.-Nr. 653 875 4

02000

Inhalt

Die treibende Kraft *7*
Das ewig Bewegliche *23*
Altes Thema Sonnenenergie *37*
Rund um den heimischen Herd *49*
Rette sich, wer kann *65*
Schreiben und Lesen, Hören und Sehen *79*
»automobil« auf mannigfache Weise *89*
Volldampf auf Straßen und Schienen *103*
Altes, junges Fahrrad *117*
Navigare necesse est *129*
Stelzen, Segel und Rotoren *141*
Galerie der Luftschiffe *155*
Die Erben des Ikarus *167*
Informationen unterwegs *187*
Kleines Automatentheater *203*
Kurioses Register *213*

1

Die treibende Kraft

- Dampfkanone des Archimedes
- Nähmaschinenantrieb durch Hunde
- Röntgenstrahlen durch „PS"
- Brancas Dampfturbine
- Immer wieder versucht: der Knallgasmotor
- Flüssige Luft als Kraftfahrzeug-Betriebsstoff?
- Meereswellen als Pumpenantrieb

Um das Arbeitsvermögen unserer Muskeln ist es, technisch gesehen, nicht gerade zum besten bestellt. Selbst der am Strand bewunderte athletische Körperbau kann daran nichts ändern: Für ein ganzes Jahr harter Muskelarbeit könnten wir günstigenfalls 150 bis 180 kWh auf die Rechnung setzen.

Bereits unsere noch fellbekleideten Vorfahren sahen sich der Tatsache gegenüber, eben keine »Bärenkräfte« zu besitzen. Seitdem, bis zum heutigen Tage, dachten sich Menschen zahlreiche Kniffe und Hilfsmittel aus, diesen Mangel zu umgehen. Die Liste von Erfindungen und Entdeckungen ist schier unübersehbar. Sie verzeichnet Hebel und Nußknacker ebenso wie Rolle, Rad, Bagger und Kran. Daß sie auch Kurioses und Unnützes enthält, versteht sich von selbst.

Unter Stoßseufzern und vielen Schweißtropfen wurde schon in fernliegenden Zeiten auch die wichtige Erfahrung gewonnen: Kraftersparnis bedeutet Wegverlängerung. Wer immer — etwa im alten Ägypten — eine schräge Rampe aufschüttete und zum Heben schwerer Lasten benutzte, mußte das bemerken, obwohl ihn noch Jahrtausende von der Erkenntnis und Formulierung des Energiesatzes trennten.

Viele Jahrhunderte lang waren Tiere die verbreitetsten »Motoren«. Als Zugkräfte behaupteten sie sich bis weit in das 19. Jahrhundert. Selbst heute fällt es manchem von uns schwer, auf Leistungsangaben in Pferdestärken zu verzichten. Dabei weiß jedermann, daß Pferde es nicht schaffen würden, über längere Zeit »1 PS« zu leisten.

Tiere brauchen Futter, Sklaven mußte man wohl oder übel ernähren. Die Kraft des Windes und des strömenden Wassers hingegen stehen ohne Gegenleistung zur Verfügung. Daher sucht man sie von alters her einzuspannen. Der Wind ist ein ungebärdiger, oft ungestümer Geselle. Das erschwert seine Nutzung auch heute, da sich ihm das Interesse von Konstrukteuren und Erfindern erneut und verstärkt zuwendet. Strömendes Wasser — bewegt durch Höhenunterschiede, Gezeiten, Wellenschlag — bietet mehr Varianten als der Wind an.

Es blieb nicht bei den vor der industriellen Revolution allein vorhandenen Antriebskräften Muskeln, Wind und Wasser, und man konnte sich auch nicht mit der anfänglich euphorisch gepriesenen Dampfmaschine zufriedengeben. Wann und wo immer während der Entwicklung von Wissenschaft und Technik »neue« Kraftäußerungen entdeckt wurden, fanden sich Mühlenbauer, Techniker und nicht selten auch Nichttechniker, die aus ihnen *Antriebs*kraft zu gewinnen suchten.

Die Spannkraft von Federn sollte nach dem Vorbild der Uhr ins Große übertragen werden. Luftdruck, explodierendes Pulver und später Knallgas sollten »treiben«. In manchen Köpfen spukten Motoren auf der Grundlage magnetischer oder elektrostatischer Anziehung; mit der Wärmeausdehnung von Quecksilber und mit verdampfender flüssiger Luft wurde experimentiert.

Manches, was da entstand, funktionierte, wenn auch häufig nur als Modell (eine Schwierigkeit, mit der sich die Erfinder aller Zeiten herumzuschlagen hatten). Andere Konstrukteure wieder mußten die Segel streichen, wenn man sie nach Wirkungsgrad und Wirtschaftlichkeit ihrer Maschinen fragte, und das tat letztlich jeder Anwender.

Es wird von Besuchern T. A. Edisons berichtet, die beim »Meister« darüber murrten, sie hätten am Eingang ein schwer bewegbares Drehkreuz passieren müssen; woraufhin ihnen Edison klarmachte, sie hätten damit durch Betätigen einer Pumpe einen bescheidenen Beitrag zur Wasserversorgung des Labors geleistet.

Ein skurriler Einfall? Eine nostalgische Erinnerung an Treträder und Göpel? Hatte der »Zauberer von Menlopark« sich an alten Stichen begeistert, auf denen wir Treträder und Göpel in reicher Auswahl bestaunen können? Mit ihrer Hilfe wurde Baumaterial beför-

Nähmaschinenantrieb durch Hunde 1888

dert, wurden Schiffe be- und entladen; sie pumpten Wasser, zerkleinerten Erz, halfen beim Spinnen und Weben, beim Drechseln und Mahlen. Geschunden wurden in und an ihnen Pferde, Maultiere, Ochsen, aber auch Hunde und — Menschen. Vor allem Sträflinge verurteilte man zu dieser »bessernden Tätigkeit«. In manchen Bagnos »traten« bis zu 50 Häftlinge nebeneinander und miteinander verkettet das zur Trommel umgestaltete Rad. Viele ertrugen diese »rotierende Galeere« nur für Monate.

Während der industriellen Revolution verloren Treträder (vor allem durch Körpergewicht getrieben) und Göpel (durch waagerecht wirkende, schiebende oder ziehende Muskelkraft bewegt) rasch an Bedeutung. Lediglich in der Landwirtschaft griff man zum Dreschen noch lange auf Göpel und ohnehin vorhandene Zugtiere zurück.

Treträder und Göpel

War damit das Tretrad auf die heute so beliebte »Hamsterrolle« (auch bei Hamstern?) reduziert?

Weit gefehlt! 1888, also lange nach der Erfindung der Dampfmaschine und nach dem Bekanntwerden von Gas- und Elektromotor, gedachte ein findiger Hamburger, seinen Hund einer nutzbringenden Tätigkeit zuzuführen und meldete ein »Hundetretrad für den Antrieb von Nähmaschinen« zum Patent an. Solange Frauchen nähte, trabte das beklagenswerte Tier in einem 1,50 m hohen Tret-

Röntgenstrahlen durch »PS« um 1910

rad; notfalls wurde nachgeholfen (fragen wir nicht, wie...). Immerhin hatte der Erfinder eine Bremsvorrichtung vorgesehen, damit der Familienliebling und Nähmaschinenmotor bei Leerlauf nicht ins Stolpern geriet.

Angeregt vielleicht durch diese Konstruktion, schlug ein schottischer Gastwirt sogar eine Art Haushaltuniversalmaschine mit Hundeantrieb und verschiedenen Zusatzgeräten vor. Doch die bellende Küchenmaschine kam nicht zur Ausführung.

Das von Menschen betriebene Tretrad erlebte gleichfalls, wenn auch in bescheidenem Umfang, eine Wiederauferstehung, sogar in Verknüpfung mit recht moderner Technik.

Kurz vor und während des ersten Weltkrieges, als die Ausrüstung von Truppenteilen mit transportablen Funkgeräten begann, ergab sich das Problem einer einfachen, jederzeit verfügbaren und zuverlässigen Stromversorgung. Die gefundene Lösung wurde noch im zweiten Weltkrieg praktiziert: Man nahm einem Fahrad die »Fahrräder« weg, versah es mit einem Standgestell und übertrug die Pedalbewegung auf eine Dynamomaschine. Damit die gewonnene Spannung wenigstens einigermaßen konstant blieb, beobachtete der »Treter« ein Voltmeter am Lenker. Solange der Zeiger innerhalb eines Farbsektors auf der Skale blieb, war alles in Ordnung... Sogar Tandemausführungen waren, z. B. bei der zaristischen Armee, in Betrieb. Ausführungen mit Handkurbeln weckten weniger Interesse, bewährten (und bewähren) sich aber in Fällen, die das Aufstellen von Tretgestellen ausschließen. So rüstete man Piloten, die weite Wasserstrecken zu überfliegen hatten, mit sogenannten Kaffeemühlen aus, die bei Kurbeldrehung Notzeichen sendeten; in zahlreichen Funkgeräten für Rettungsboote und -inseln ist ebenfalls noch Kurbelantrieb für den Sender vertreten.

Fahrbare Röntgeneinrichtungen tauchten bald nach Jahrhundertbeginn auf. Wieder fragte man: Wie die Stromversorgung sichern?

Eine Übergangslösung stellte der gute, alte Pferdegöpel dar. Elektrogenerator, Getriebe und senkrechte Antriebswelle wurden in einem Gestell aus Metallschienen vereint, das leicht im Boden zu verankern war. Wurde(n) noch ein oder zwei waagerechte Göpelarme eingesetzt und der Generator durch »Hüh!« und Peitschenknall in Bewegung gesetzt, konnte das »Röntgen« beginnen.

Windmühlen zählen zu den ältesten Energiemaschinen. Segelschiffe eröffneten und bestimmten lange den überseeischen Verkehr und Handel. Wie auch die Schätzungen über die Energievorräte der Luftströmungen voneinander abweichen mögen, eines bestreitet niemand: Wind wäre eine sehr beachtliche Energiequelle.

Windmühlen, Windräder und Turbinen

Die Problematik der Windkraftnutzung ist alt und hat sich kaum geändert. Der Wind selbst trägt die Schuld daran. Er weht weder ständig aus einer Richtung noch stetig; seine Stärke schwankt zwischen »Säuseln« und »Sturm«. Vorschläge zur besseren Windkraftnutzung sehen sich daher, auch wenn Jahrhunderte sie trennen, überraschend ähnlich.

Um von der wechselnden Windrichtung unabhängig zu werden, kann man die Windmühlenachse um nahezu 90° bis in die Senkrechte kippen. Die Zahl der Flügel wird vergrößert, sie selbst ähneln immer mehr Turbinenschaufeln. Zahlreiche Projekte wurden im Laufe der Zeit ausgearbeitet, bis heute aber gibt es keine überzeugende Ausführung.

An Regeleinrichtungen für Windmühlen und für die aus ihnen

Brancas Dampfturbine 1629

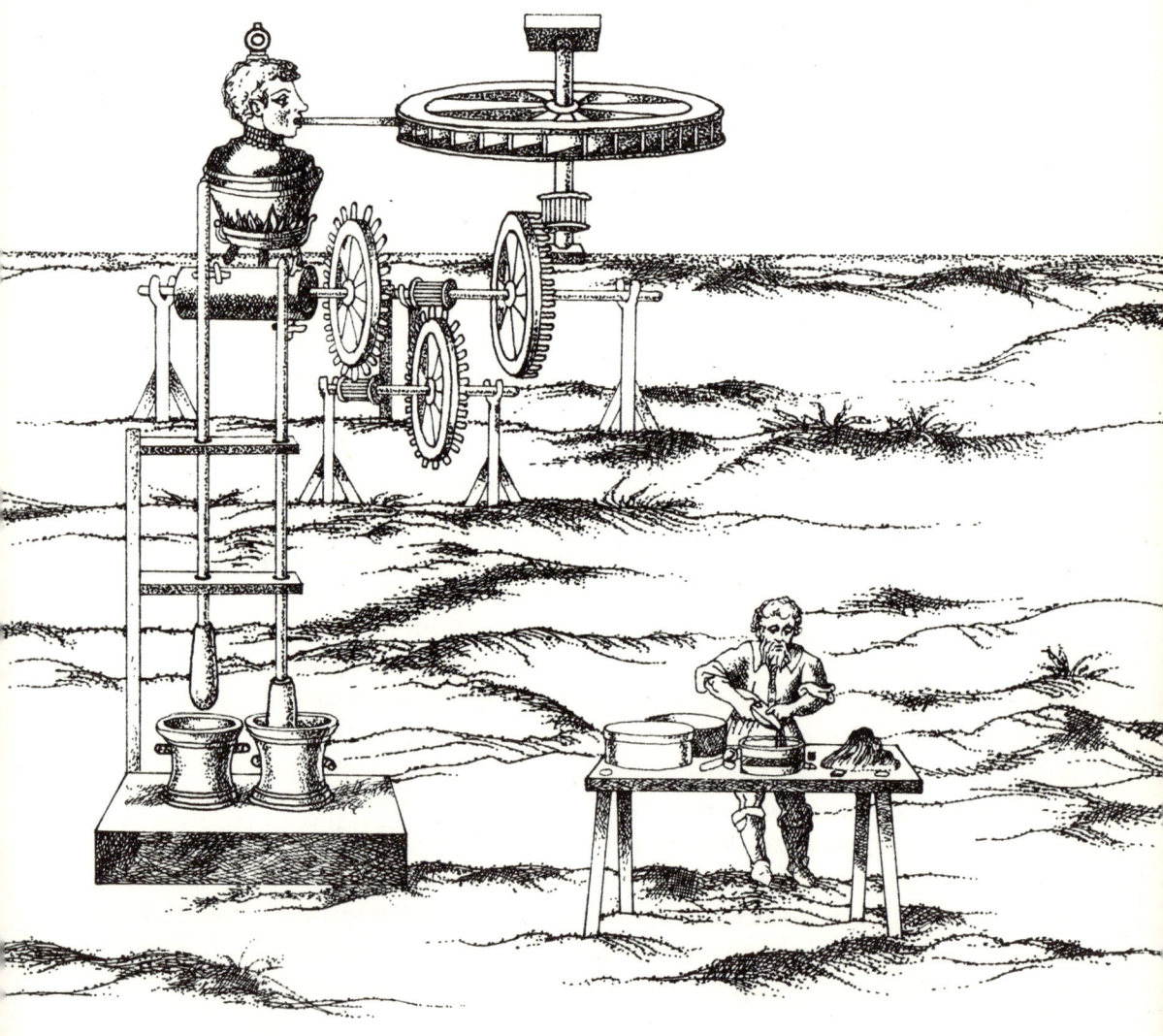

hervorgegangenen Windmotoren besteht kein Mangel. Ihre Ausführung erstreckt sich von einfacher Mechanik bis zu komplizierter Elektronik, ohne daß bis jetzt *die* Lösung gefunden worden wäre. Auch zeitgenössische Projektanten von Windkraftwerken bekommen damit zu tun neben anderen Problemen wie dem, daß man unregelmäßig gewonnene Elektroenergie nicht in großen Mengen speichern kann, daß sehr heftige Böen nur mit hohem Aufwand sicher abzufangen sind usw.

Wenn aber »natürlicher« Wind zu unregelmäßig ist, warum sollte man nicht »künstlichen« Wind bzw. Luftzug heranziehen? Das Prinzip wird von Weihnachtspyramiden mit »Warmluftantrieb« demonstriert. In jedem Schornstein entsteht er, bedingt durch Temperaturunterschiede zwischen »unten« und »oben«. Der Gedanke, diesen Luftzug auszunutzen, ist jahrhundertealt (vgl. S. 50).

Als jedoch vor knapp hundert Jahren Pläne für größere Anlagen nach diesem Prinzip auftauchten, lachte man die Erfinder aus.

Dies etwa waren ihre Vorstellungen: In heißen Gegenden wird am Rande schroffer Höhenstufen, wie es sie etwa in Nordafrika gibt, ein langes und weites Rohr emporgezogen. In seinem Innern ist eine Luftturbine untergebracht. Das Rohrunterende läuft in ein großes Dach in Form eines weit geöffneten Trichters aus (einem überdimensionalen Küchenabzug ähnlich). Die Luft darunter erhitzt sich durch die Sonneneinstrahlung und durchströmt das Rohr.

Vor Jahrzehnten galt dieser Vorschlag als Kuriosum. Gegenwärtig diskutiert man ihn erneut, und nunmehr ernsthaft. Die konstruktiven Voraussetzungen sind inzwischen weit besser — man denke an den Einsatz von Plastmaterialien und Leichtbaukonstruktionen.

Eine Schwierigkeit allerdings bleibt: Nur in wenigen Gegenden sind die klimatischen und topologischen Voraussetzungen für solche »Schornsteinkraftwerke« erfüllt. Selbst »frei stehende« (heute ausführbare) Türme setzen sehr intensive und langanhaltende Sonnenstrahlung voraus, wenn Energie in größerem Umfang gewonnen werden soll.

Verzichten wir auf Herons »Äolipile«, stammt das erste größere »Dampfturbinenprojekt« aus dem Jahre 1629. Ungeeignete Werkstoffe, fehlende Werkzeuge für genaue Bearbeitung, eine noch primitive Technologie und zu geringe mechanische Kenntnisse schlossen eine weitere Realisierung aus. Trotz Brancas Vorschlag wurde daher Farbe weiterhin nach alten Methoden im Mörser pulverisiert.

Die bewährten Wasserräder mußten gleichfalls für abwegige Konstruktionen herhalten. Mag man auch ihre Konstruktion mit teilweise recht primitiven Mitteln bestaunen; außer einer Vergrößerung des Erfahrungsschatzes brachten sie keinen »Nutzen«.

Berühmt wurde vor allem die »Maschine von Marly«. Dieses gewaltige System von Wasserrädern und Pumpen, dessen Errichtung vier Jahre dauerte (1681–1685), hatte lediglich die Aufgabe, den Fontänen von Versailles Wasser zuzuführen. 14 Wasserräder, je 12 m im Durchmesser, trieben mit Hilfe energieverzehrender »Stangenkünste« über 200 Pumpen. Doch die Leistung dieses Monstrums betrug nicht einmal 60 kW (etwa 68 »Pferdestärken«).

Wasserräder pumpen Wasser für London 1730

Nützlicher waren schon, etwa fünfzig Jahre später, die ebenfalls riesigen Wasserräder in der Themse, die über Pumpen die Wasserversorgung Londons sichern halfen.

stungskanonen und für fahrbare Feldgeschütze. Auch eine Visiereinrichtung war vorhanden!

Mit der Entdeckung, daß sich Wasser durch elektrischen Strom in Knallgas verwandeln ließ, wurde in der ersten Hälfte des 19. Jahrhunderts eine (zumindest für den Geschützmeister) noch gefährlichere Waffe erfunden, die Knallgaskanone. Zitieren wir:

»Die Figur zeigt einen auf drei Rädern stehenden Kasten, dessen Thüren wir geöffnet sehen. Das hintere Rad steht quer vor der Richtung der Bewegung und hat diese Stellung, damit die Richtung desto leichter gewonnen werden könne. Der Kasten enthält eine sehr starke, großplattige und vielpaarige Batterie, deren Pole in ein mit stark gesäuertem Wasser gefülltes Gefäß mit sehr dicken Wänden gehen. Das Wasser wird hier in Knallgas verwandelt und tritt so in den auf der Mitte des Kastens stehenden Gasbehälter von centnerschwerem Bronceguß. Die Gasentwicklung ist so mächtig, daß eine Compression desselben auf mehr als das Doppelte der natürlichen Dichtigkeit stattfindet.
In den Metallkörper ist das Geschützrohr (hier allerdings nur ein Flintenlauf) eingelassen. Ventile, wie bei einer Windbüchse, gestatten eine Verbindung der Seele des Rohres mit dem Gasbehälter ...
Der an dem Querrade stehende Geschützmeister dirigiert den Mechanismus, vermöge dessen die Verbindung des Laufes mit dem Gasbehälter und

Kanone – mit Knallgas »betrieben« 1. Hälfte 19. Jh.

die Entzündung des Knallgases gleichzeitig erfolgt. Wir sehen das Geschütz im Augenblick der Entladung.
Gelingt es wirklich, die zersprengende Gewalt des Knallgases in eine forttreibende zu verwandeln, so wäre der Apparat vielleicht das Ei, woraus sich eine totale Umwandlung der Geschützkunst entwickelte ... Die Frage ist nur, wie groß muß der Widerstand des Gasbehälters sein, damit er nicht durch das Gas zersprengt werde, welches eine 50 und mehr Pfund wiegende Kugel auf 3000 Schritt werfen soll.«

In der Tat trug die nicht zu erreichende Drucksicherheit des Gasbehälters die Schuld daran, daß aus der »totalen Umwandlung der Geschützkunst« nichts wurde. Aber auch die scheinbar nebensächliche Bemerkung »hier allerdings nur ein Flintenlauf« war eben so nebensächlich nicht.

Obwohl Knallgas, unerwünscht gebildet oder zum falschen Zeitpunkt explodierend, manchen Erfinder und viel Material arg beschädigt hat, ließ der sogenannte Knallgasmotor Erfinder und Konstrukteure nicht ruhen. Die Gründe hierfür lagen auf der Hand: Der Energieinhalt der Knallgasverbrennung läßt alle anderen Brennstoffe weit hinter sich; die Gewinnung von Knallgas bzw. des zu seiner Herstellung notwendigen Wasserstoffs bereitet kaum Schwierigkeiten. Welche Möglichkeiten für leistungsfähige, preiswerte Motoren schienen sich hier zu eröffnen!

Ziel vieler Erfinder: Knallgasmotoren

Meistens ging man vom bereits bekannten Kolbenmotor aus, der sich wiederum auf Erfahrungen beim Bau der guten, alten Dampfmaschine stützte. Doch bald mußte man erfahren, daß es sich beim Knallgasmotor gegenüber Kolbenmotoren um weit mehr als einen bloßen »Treibstoffwechsel« handelte: Knallgas entwickelt bei der

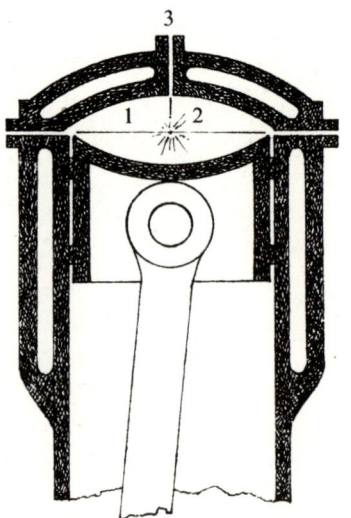

Immer wieder versucht: der Knallgasmotor 1913

Flüssige Luft als Kraftfahrzeug-Betriebsstoff? um 1905

Verbrennung sehr hohe Temperaturen. Das ist zwar für technische Schneid- und Schweißverfahren und, wie jeder Krimileser weiß, für Geldschrankknacker vorteilhaft, nicht aber für Motorenbauer. Die Probleme der Kühlung und Schmierung waren für Kolbenmotoren nicht lösbar. Vorschläge, durch Beimischung von Fremdstoffen die Verbrennungstemperatur zu vermindern, erwiesen sich als sinnlos, da sie ein starkes Absinken des Wirkungsgrades zur Folge hatten.

1913 wurde eine der letzten Varianten eines solchen Knallgasmotors zum Patent angemeldet (und auch patentiert). Der Verbrennungsraum 1 sollte linsenförmig (im Idealfall kugelförmig, weil dann besonders druckfest) ausgebildet werden. Auf Entzündungstemperatur vorgewärmter Wasserstoff und Sauerstoff sollten von einander gegenüberliegenden Zylinderseiten eingespritzt werden, bei 2 aufeinanderprallen, sich entzünden und als »verlangsamte Explosion« den Kolben treiben. Zusätzlichen Schub und Kühlung zugleich erhoffte sich der Erfinder von bei 3 eingespritztem Wasser, das schlagartig verdampft wäre. Nur wenige Modelle wurden ausgeführt. Sie bewährten sich nicht, nahmen die Bezeichnung »Explosionsmotor für Knallgas« wohl zu wörtlich und flogen meist nach kurzem Betrieb auseinander.

Völlig in Vergessenheit geriet der Energieträger Wasserstoff trotzdem nicht, im Gegenteil: In den letzten Jahren ist er Gegenstand zahlreicher zielgerichteter Untersuchungen, kommt zu seinem hohen Energieinhalt doch hinzu, daß die Knallgasverbrennung ungemein umweltfreundlich ist und keine anderen Abfallprodukte liefert als Wasser(dampf).

Ein Knallgasauto also fuhr (bisher) nicht. Aber es gab ja noch andere Möglichkeiten. So wurde ein Kraftfahrzeug mit Antrieb durch flüssige Luft gebaut. Sie füllte teilweise den wärmeisolierten Behälter 1; der Druck über der Flüssigkeit reichte aus, flüssige Luft in die Verdampferschlange unter dem Chassis zu treiben, sobald das Ventil 2 mehr oder weniger geöffnet wurde. Im Rohr trat eine so heftige Verdampfung ein, daß »das sich entwickelnde Gas mit einem Druck von 15 Atmosphären in den Zylinder des Motors 3 übertritt und hier seine Arbeit verrichtet«.

Sehen wir einmal davon ab, welcher Preisunterschied zwischen flüssiger Luft und konventionellen Treibstoffen besteht, bleibt die Frage: Was wäre geschehen, wenn das »Flüssigluftfahrzeug« längere Zeit — womöglich in praller Sonne — gestanden hätte? Auch heute kennen wir keinen perfekten Wärmeisolator, der unbeabsichtigtes Verdampfen ausschließt. Doch darüber schweigen sich Erfinder und Patentschrift aus. Das galt auch für Motoren mit anderen, leichter zu handhabenden verdampfenden Flüssigkeiten, die keine so extreme Kühlung wie flüssige Luft verlangten und sich — wie etwa Kohlendioxid — mit weniger Aufwand aufbewahren ließen.

Flüssige Luft als Treibstoff

DAS EWIG Bewegliche

2

- Die Kapillarmaschine
- Perpetuum mobile mit Wünschelruten
- Feuchte und trockene Fäden als „Motor"
- Das elektrische „Perpetuum mobile"
- Perpetuum mobile mit Kugellauf
- Perpetuum mobile von Strada

perpetuum mobile

von Zonca

☞ Eine Maschine, eine Einrichtung, die ohne Kraftaufwand, ohne Brennstoff, ohne Elektroenergie ewig läuft und dabei außerdem noch Arbeit verrichten kann, ist eine verlockende Vorstellung.

Dem Erfinder eines funktionierenden »Perpetuum mobile« würde man mit Recht in aller Welt Denkmäler errichten; denn er hätte seine Zeitgenossen und Nachfahren aller Antriebs- und Energiesorgen entheben können. Wir brauchten weder mit Kohle und Öl zu geizen noch nach alternativen Energiequellen zu suchen. Nur – diesen Wohltäter der Menschheit wird es nie geben. »Energie kann weder aus nichts entstehen noch vernichtet werden« – dieses Grundgesetz schiebt seinem Erfolg für immer einen Riegel vor.

Diejenigen, die sich seit dem frühen Mittelalter an der Konstruktion eines Perpetuum mobile versuchten, wußten nichts vom Energiesatz und waren bitter enttäuscht, weil sie trotz allen Bemühens scheiterten. Gelehrte vermuteten oder erkannten intuitiv schon frühzeitig die Unmöglichkeit eines Perpetuum mobile. 1775 beschloß die Pariser Akademie der Wissenschaften, Vorschläge hierfür fortan nicht einmal mehr zu prüfen, da sie sinnlos seien. Davon zeigten sich allerdings keineswegs alle Erfinder beeindruckt. Viele knobelten und probierten weiter – manche erhielten ihre Schöpfungen sogar patentiert. 1801, 1821 und 1827 wurden in England Perpetuum-mobile-Patente erteilt; 1828 ließ sich der Franzose Castagne eine »ewiglaufende Maschine« patentieren.

Um die Mitte des 19. Jahrhunderts wurde der Energiesatz allgemeingültig formuliert. Auch das machte dem Perpetuum mobile nicht völlig den Garaus. 1877 berichtete eine angesehene deutsche Familienzeitschrift über einen gewissen Herrn Wegele, der »das Gesetz der Schwerkraft aufgehoben« hatte und mit seinem Perpetuum mobile sogar dem erfahrenen Techniker Albert Borsig imponiert haben sollte, als er »mit der Hand eine Kanone in die Luft hob«. Nach dem Erfinder suchte man vergebens. Ein phantasievoller Reporter hatte sich die ganze Geschichte ausgedacht.

Einige Perpetuum-Mobilisten waren immerhin so geschäftstüchtig und wortgewandt, Unterstützung für ihre Projekte zu ergattern – von Mäzenen, die sich offenbar während des Physikunterrichts mit anderen Dingen beschäftigt hatten. Sogar an den Patriotismus appellierten manche Erfinder, um zu Geld zu kommen, wie nach dem ersten Weltkrieg jener deutsche Physikbeflissene, der die Reparationszahlungen mit Hilfe eines Perpetuum mobile tilgen wollte – sofern man ihm nur durch einen ordentlichen Vorschuß die Ausführung ermöglichen würde ...

Völlig ausgestorben sind Erfinder des Perpetuum mobile noch

immer nicht. Mit ihnen zu streiten ist aussichtslos; denn die Gültigkeit der Naturgesetze, die allein Grundlage des Disputs sein könnten, zweifeln sie an.

Hebelgesetz und Gleichgewicht, zu den ältesten physikalischen Beobachtungen und Erkenntnissen zählend, haben bis zum heutigen Tage Perpetuum-mobile-Erfinder nicht ruhen lassen.

Das Prinzip scheint denkbar einfach. Eine Wippe, ein Waagebalken, ein Rad bewegen sich, wenn man das Gleichgewicht stört — etwa die Größe einer Masse auf einer Seite verändert oder sie gegenüber dem Drehpunkt radial verschiebt. Zwar stellt sich bei solchen Versuchen stets wieder Gleichgewicht und damit Ruhe ein — aber es sollte doch eine Kleinigkeit sein, dieses Gleichgewicht immer wieder zu stören und damit die Bewegung aufrechtzuerhalten.

Die verschiedenen nach diesem Prinzip entstandenen Apparate unterscheiden sich lediglich in der Art und Weise, wie man die Störung des Gleichgewichts fortlaufend zu erneuern suchte.

Perpetuum mobile, wie V. de Honnecourt es sich vorstellte um 1240

Perpetuum mobile gegen Hebelgesetz und Gleichgewicht

Eine der ältesten Zeichnungen (sie wurde hier anschaulicher als das Original dargestellt) und Beschreibungen entstammt dem »Bauhüttenbuch« des Villard de Honnecourt (um 1240):

»Gar manchen Tag haben Meister darüber nachgedacht und beratschlagt, wie man ein Rad machen könne, das sich von selbst dreht. Hier ist eines, das man aus einer ungeraden Zahl von Hämmern ... machen kann.«

Die Hämmer sind auf dem Radumfang befestigt, jeder um ein Scharnier drehbar. Auf einer Seite, so stellten sich die »Meister« vor, würde stets ein Übergewicht entstehen und das Rad in Drehung versetzen. Nach Überschreiten des höchsten Punktes würde jeweils ein Hammer umklappen und so die Gleichgewichtsstörung erneut auslösen.

Die Konstruktion wurde mannigfach verbessert, unter anderem auch durch Leonardo da Vinci, obgleich dieser wenig vom Perpetuum mobile hielt. Die Stelle der Hämmer sollten Kugeln einnehmen, in radial verlaufenden Rinnen so geführt, daß sie abwechselnd nach außen und innen rollten und so ständig für Un-Gleichgewicht sorgten.

Andere Erfinder schlugen hohle Speichen vor, die mit einer hin- und herschwappenden Substanz, z. B. Quecksilber, teilweise gefüllt waren.

Wie man sich ein Perpetuum mobile mit einem Kugellauf vorstellte, geht aus einem Kupferstich von 1629 hervor. Die Achse des

Perpetuum mobile mit Kugellauf 1629

Perpetuum mobile samt Rad mit Kugelkammern steht schräg und trägt eine archimedische Schraube. Diese fördert bei der (erhofften) Drehung Wasser in einen Vorratsbehälter. Durch Röhren in der viereckigen Tragsäule speist es einen Springbrunnen. Von dort gelangt es vermutlich mittels eines Hebers (aus dem Stich nicht klar ersichtlich) zurück in das untere Becken. Dieser Kreislauf würde sich, dachte der Erfinder, bis in alle Ewigkeit wiederholen.

Um 1580, in einer Zeit also, da Muskeln, Wind und Wasser die einzigen Quellen für Antriebskräfte waren, sollte das »ewig Bewegliche« sogar schon produzieren helfen und beispielsweise Schleifscheiben drehen: Wasser aus dem oberen Bassin treibt ein oberschlächtiges Wasserrad. Auf der Welle sind einmal die Schleifscheiben angebracht, zum anderen ein Getriebe, mit dem über die senkrechte Welle und weitere Räder eine archimedische Schraube in Bewegung gesetzt wird. Sie pumpt das über das Schaufelrad abgeflossene Wasser wieder hoch. Ein Schwungrad am Ende der senkrechten Welle sollte für gleichmäßigen Lauf sorgen.

Perpetuum mobile von Strada um 1580

Saugheber kannte man, längst ehe vom Luftdruck und seinen Gesetzen etwas bekannt war. Daß sie nach Ansaugen (scheinbar) von allein, ohne weiteres Zutun liefen, mußte Perpetuum-mobile-Erfinder auf den Plan rufen. In einer Skizze (1607) von Zonca sind zum Antrieb einer Mühle nicht mehr vonnöten als ein Wasserbecken, ein Heber und ein Wasserrad (das in der Skizze immerhin schon einer Turbine ähnelt).

Der Heber saugt das Wasser (rechts) an und befördert es zum Wasserrad. Von dort strömt es zurück in das Becken. Nur eine Kleinigkeit stört: Bei einem Heber muß die Ansaugöffnung höher als die Ausflußöffnung liegen. Soll die skizzierte Mühle aber mahlen und das Wasser überdies in ständigem Kreislauf strömen, müßte es umgekehrt sein.

Saug- und Kettenheber als Perpetuum mobile

Perpetuum mobile von Zonca 1607

Zonca sah einen Ausweg darin, das Heberrohr auf der Ausfluß-
seite zu erweitern, damit das »größere Gewicht der Wassermasse
auf dieser Seite saugen helfe«. Ein einfacher Versuch hätte ihm gezeigt, daß dies ein Trugschluß war.

Einem ähnlichen Irrtum verfielen übrigens jene, die vom sogenannten Kettenheber ausgingen. Eine Kette oder ein Seil, über
einer leicht beweglichen Rolle mit ungleich langen Enden hängend,
spult sich von allein nach der längeren Seite ab. Alle Versuche jedoch, eine *endlose* Kette so zu führen, z. B. über Umlenkrollen, daß
ständig auf einer Seite Übergewicht herrschte, schlugen fehl – mußten fehlschlagen.

Es wäre verwunderlich, hätte man nicht versucht, die zwar uner-
klärlichen, aber »immerwährenden« Anziehungs- bzw. Abstō-
ßungskräfte zwischen Magneten für ein Perpetuum mobile zu nutzen. Diese Kräfte wachsen mit sinkendem Abstand zwischen den
Magneten und umgekehrt. Man braucht also, dachte man, nur das
Gleichgewicht zwischen Zu- und Annahme der Anziehungskraft zu
stören oder im richtigen Augenblick Anziehung in Abstoßung um-
schlagen zu lassen. Durch teilweise recht verzwickte Bewegungen
und Drehungen von Magneten oder magnetisierbaren Körpern
suchte man das zu erreichen; der Erfolg blieb selbstverständlich
aus. Bereits in seiner »Epistola de magnete« (1269) schlägt Pierre
de Maricourt ein solches Perpetuum mobile vor.

Wünschelrute und Magnet als »ewiger Motor«

Anziehende Kräfte meinte auch der Wünschelrutengänger zu
spüren, wenn er unterirdischen Wasserläufen nachging. Als Kon-
struktionselement des Perpetuum mobile tauchte die Wünschelrute
um 1250 auf. Die Ruten wurden auf dem Umfang eines Rades ver-
teilt. Näherte man es »in geeigneter Weise« einem Wasserbehälter
oder einer sprudelnden Quelle, würde sofort Drehung einsetzen, deren Ursache die einander ablösenden Wünschelruten wären. Die
»geeignete Weise« allerdings konnte niemand finden.

Wichtige Meilensteine auf dem Wege zum Energiesatz und damit
zur Unmöglichkeit des Perpetuum mobile verdanken wir Untersuchungen der nun wirklich uralten Erfahrung, daß Reibung Wärme
erzeugt. Es ist fast »schwarzer Humor«, daß ausgerechnet solche
Untersuchungen, mißverstanden und fehlinterpretiert, bisweilen
herhalten mußten, das Perpetuum mobile durch die Hintertür wieder ins Haus zu schmuggeln, wobei in wenigen Fällen als Pförtner
sogar »Physiker« fungierten.

Unerschöpfliche Reibungswärme?

Ein Beispiel soll das belegen: Graf Rumford (Sir Benjamin
Thompson, 1753–1814) hatte, durch Beobachtungen beim Ausboh-
ren von Kanonenrohren angeregt, experimentell gezeigt, daß mechanische Arbeit sich beliebig in Wärme umwandeln läßt. Er ver-

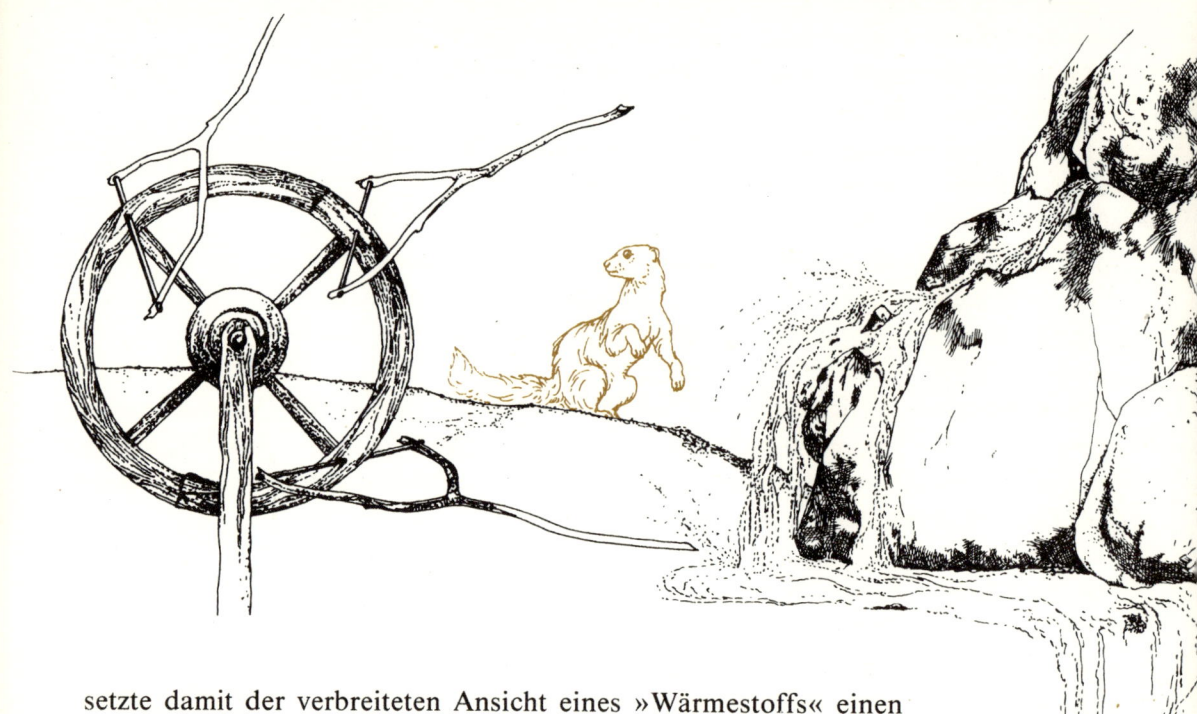

Perpetuum mobile mit Wünschelruten um 1250

setzte damit der verbreiteten Ansicht eines »Wärmestoffs« einen entscheidenden Schlag und leistete so wichtige Vorarbeiten für Mayer, Joule, Helmholtz und andere. Jahrzehnte später lesen wir in einem Physikbuch (!) über diese Versuche: ...

»Dieser durch und durch praktische Mann hoffte die hier entwickelte Wärme nutzbar zu verwenden und umgab das Canon mit einem großen Wassergefäße ... Das Wasser geriet dabei auf das Gewaltigste in's Kochen und es konnte durch dieses vermöge der Reibung erhitzte Wasser die ganze weitläufige Werkstatt geheizt werden.

Merkwürdig ist, daß diese anschaulichen Versuche nirgends Eingang fanden ... Der Verfasser (des Physikbuches, C.) schlug bei Anlage einer Zuckerfabrik aus dem Runkelrübensafte in Ulm (Schwaben) statt der Feuerung mit dem dort sehr theuren Holze eine Heizung durch die Reibung vor (1835), allein es ging, als auf den Vorschlag eines Projectenmachers, niemand darauf ein und man verschwendete des Holzes sehr viel bei der neuen Anlage ...«

Dieses Projekt widerspricht durchaus keinem Naturgesetz. Man hätte die Wärme, wie später übrigens für Küchenherde vorgeschlagen, tatsächlich durch Reibung gewinnen können. Allerdings hätte man bestimmt auf solche Vorschläge verzichtet, wäre der Umrechnungsfaktor zwischen mechanischer und Wärmeenergie, das mechanische Wärmeäquivalent, schon damals Rüstzeug der Techniker gewesen. Im weiteren Text jedoch rutscht der Autor fachlich böse aus:

»Auf Dampfmaschinen würde sich diese Heizungsmethode trefflich anwenden lassen. Es würde innerhalb des Kessels ein zuckerhutförmiges Rohr, aber so lang wie der ganze Kessel, liegen, in diesem müßte sich ein Kegel bewegen, welcher das Rohr gerade ausfüllte, irgendeine Kraft von einem Thiere oder ein paar Menschen hergenommen, allenfalls eine kleine Dampfmaschine selbst, würde die Reibung zu besorgen haben und diese Reibung würde eine Wärme erzeugen, welche jene, die durch das Feuer für die kleine Dampfmaschine hervorgebracht wird, um das Fünfzigfache überbietet, so daß z. B. eine Dampfmaschine von 2 Pferdekraft eine andere von 100 Pferdekraft in Thätigkeit setzen würde.«

Warum ging der Urheber dieses wahrhaft kühnen Projekts nicht noch weiter: Antrieb der kleinen Dampfmaschine von einer noch kleineren usw.? Als »Thier« hätte dann in letzter Konsequenz vielleicht eine weiße Maus gereicht, oder aber man hätte einen Bruchteil der von der »großen« Dampfmaschine bereitgestellten Energie zum Antrieb des Reibkegels benutzen können usw. Möglichkeiten über Möglichkeiten — wäre nur der vermaledeite Energiesatz nicht gewesen.

Weil der Energiesatz nun einmal nicht wegzuleugnen war, fragte man: Läßt sich nicht eine Einrichtung oder Maschine konstruieren, die, ohne ihm zu widersprechen, wenigstens ebenso nützlich wäre wie das vergebens gesuchte Perpetuum mobile? Könnte man beispielsweise nicht einen natürlichen Wärmespeicher anzapfen und die entnommene Wärme durch Abkühlung fortlaufend in mechanische Energie umwandeln? Zwei praktisch unerschöpfliche Wärmereservoire boten sich an: die Weltmeere und die Lufthülle unseres Planeten. Die Realisierung schien nicht einmal schwierig: Ein Schiff nimmt Meerwasser auf; durch Abkühlen an Bord wird Antriebsenergie für die Schrauben gewonnen, das abgekühlte Wasser strömt ins Meer zurück. Eine ähnliche Einrichtung wäre auch für Luftschiffe vorstellbar. In beiden Fällen würde der Energiesatz nicht verletzt. Trotzdem hat nie jemand ernsthaft versucht, eine solche Umwandlungseinrichtung zu bauen; denn sie widerspricht einem anderen wichtigen Grundgesetz der Wärmelehre. Es besagt unter anderem, daß ein solches »Perpetuum mobile 2. Art« (so nennt man eine Einrichtung, die lediglich durch fortwährende Abkühlung eines Wärmespeichers Arbeit verrichtet) ebenfalls unmöglich ist.

Das Perpetuum mobile 2. Art

Vorschläge für Maschinen auf der Grundlage eines gestörten Gleichgewichts hatten ein überaus zähes Leben und kehrten immer wieder. Zwei Beispiele, beide aus dem 19. Jahrhundert, seien noch vorgestellt.

Stammvater der »Kapillarmaschine« war der Lampendocht, in dem Flüssigkeit durch die Kapillarwirkung emporstieg. An seine Stelle trat hier ein endloses Band aus mehreren lose aufeinanderliegenden saugfähigen Schichten (z. B. Filz). Es lief über zwei leicht bewegliche Rollen, deren untere in Flüssigkeit tauchte.

Durch die Kapillarwirkung stieg Flüssigkeit in dem Band empor, zunächst allerdings auf beiden Seiten gleichmäßig. Mit einer Gleichgewichtsstörung war es also nichts. Um sie herbeizuführen, ließ man die Bandschichten auf einer Seite durch eine Art Kamm trennen. Dadurch wurde die Kapillaritätswirkung vermindert, die betreffende Seite leichter, und so glaubte der Erfinder, das Band müßte in Bewegung geraten. Eine mit der oberen Rolle verbundene Welle könnte Antriebskraft liefern. Leider blieb auch diese Kapillarmaschine ein zwar schöner, aber unrealisierbarer Traum.

Das zweite Beispiel läßt sich etwas günstiger an. Hier kommt — jeder geschickte Bastler kann sich durch Nachbau davon überzeugen — immerhin eine (wenn auch sehr, sehr langsame) Drehbewegung zustande.

Eine runde Scheibe mit einer größeren Mittelbohrung ist in reibungsarmen Lagern so an verspannten Wollfäden aufgehängt, wie

Der Energiesatz läßt sich nicht überlisten

Die Kapillarmaschine
2. Hälfte 19. Jh

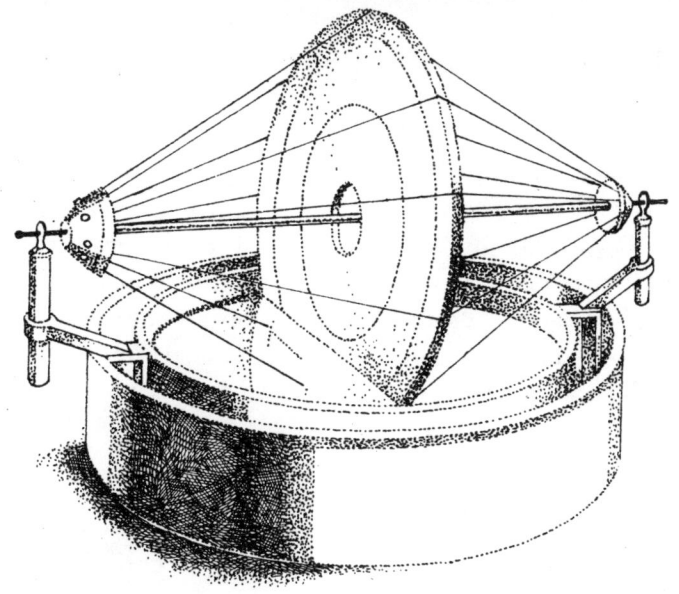

Feuchte und trockene Fäden als »Motor« um 1880

die Skizze zeigt. Im Behälter, in den der untere Teil der Scheibe und damit einige Spannfäden tauchen, befindet sich Wasser oder eine andere Flüssigkeit. Diese Fäden werden feucht, verkürzen sich infolgedessen und heben die Scheibe etwas an. Ihr Oberteil erhält Übergewicht und dreht sich nach unten. Andere Fäden tauchen ein und werden feucht, die aufgetauchten dagegen trocknen. Das setzt sich fort, solange Flüssigkeit vorhanden ist.

Also doch ein »ewig Bewegliches«? Leider nicht, denn Energie ist nötig, um die Fäden zu trocknen und zu spannen. Sie wird der Luft und der Flüssigkeit entnommen.

Dem Italiener Zamboni, einem Zeitgenossen Voltas, verdanken wir eine elektrische Batterie, die Zambonische Säule. Sie besteht im wesentlichen aus gestapelten Folienplättchen, wobei Plättchen aus zwei verschiedenen Metallen paarweise übereinandergelegt und durch jeweils eine feuchte Zwischenschicht getrennt werden.

Aus diesen Zambonischen Säulen entstand eine Vorrichtung, die man allgemein elektrisches Perpetuum mobile nannte, obwohl sie im Gegensatz zu den bisherigen Beispielen niemals und von niemandem für ein echtes Perpetuum mobile gehalten wurde. Weil die Anordnung jedoch unter geeigneten Bedingungen jahrelang funktionierte, sei die Bezeichnung entschuldigt.

Zwei Zambonische Säulen 1 und 2 sind, elektrisch in Reihe geschaltet, senkrecht auf einer Bodenplatte aus Isoliermaterial befestigt. Die freien Pole laufen in zwei Metallkugeln 3 und 4 aus. Zwischen beiden kann an einem dünnen Träger eine kleine Kugel 5, vom Lager 6 getragen und durch ein Gegengewicht 7 beschwert, nahezu reibungsfrei hin- und herpendeln.

Bringen wir die anfänglich ungeladene Kugel 5 mit 4 in Berührung, lädt sie sich (in der Skizze negativ) elektrisch auf. Nach einem Grundgesetz der Elektrostatik — »gleichnamige Ladungen stoßen sich ab, ungleichnamige ziehen einander an« — wird sie nunmehr von 4 abgestoßen, von 3 dagegen angezogen. Sie schwingt über die Mittellage bis zur Berührung mit 3. Dort gibt sie ihre negative Ladung ab und wird umgeladen. Wieder kommt es zu Abstoßung und Anziehung, wobei die Kugeln 3 und 4 ihre Rollen vertauscht haben. Erneut wiederholt sich das Umladen. Das Pendeln setzt sich fort, bis die Zambonischen Säulen erschöpft sind.

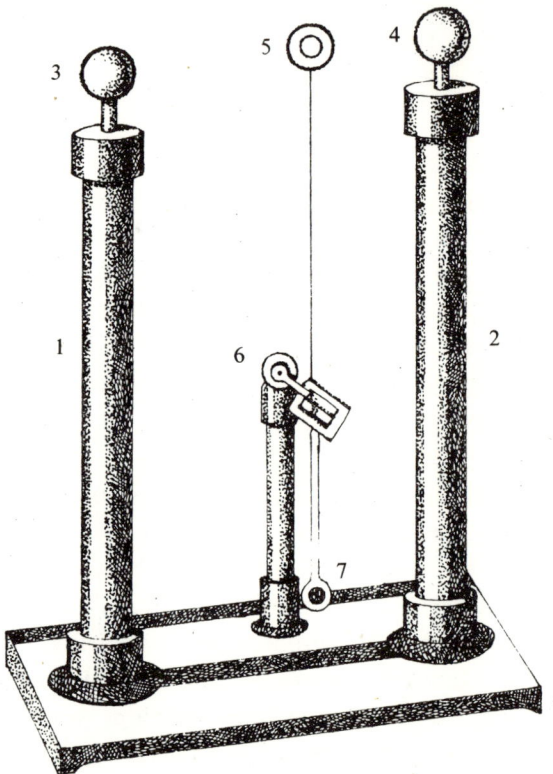

Das elektrische »Perpetuum mobile« um 1810

Altes SONNENENERGIE

3

Der Brennglaswagen Lavoisiers

Thema

Flug in der Sonne mit Energie der Sonne

Schon vor einem Jahrhundert: Druckpresse mit Solarantrieb

Ein anderer „Springbrunnenvorschlag"

Mehrfach versucht: das sonnengetriebene Auto

Sonnenenergie treibt Springbrunnen

 Dichter verehren und lobpreisen unser Tagesgestirn überschwenglich. Priester ließen es vor ferner Zeit anbeten und ihm Opfer bringen.

Techniker, vor allem die Energetiker, sind des Lobes gleichfalls voll. Was in der Sonne durch atomare Prozesse an Energie freigesetzt und in den Kosmos ausgestrahlt wird, ist zwar zahlenmäßig abzuschätzen, aber kaum anschaulich vorstellbar. Nur ein winziger Bruchteil davon erreicht die Erde — doch er macht in jedem Jahr über 1,5 Trillionen kWh aus, mehr als das Vierzigtausendfache der gesamten derzeitigen Energieproduktion auf unserem Planeten.

Eine weitere Größe, die sogenannte Solarkonstante, beeindruckt nicht weniger: An der Obergrenze der Atmosphäre empfängt jeder Quadratmeter eine Leistung von 1,4 kW, sofern ihn die Sonne senkrecht bescheint. Auf der Erdoberfläche ist es zwar weit weniger, denn die Atmosphäre schluckt einen nicht unerheblichen Teil der Sonnenenergie. Immerhin bleiben für Mitteleuropa trotz ungünstiger Lage noch ungefähr 100 W je Quadratmeter übrig.

Welcher Techniker ginge an solchen Werten achtlos vorbei? Schon vor Jahrzehnten, als man diese Zahlen noch nicht kannte, hat die wärmende, manchmal sengende Sonne Erfinder zur Anwendung der Sonnenwärme angeregt. Das hat sich im Zeitalter knapper werdender fossiler Brennstoffvorräte und der Suche nach alternativen Energiequellen noch verstärkt.

Brennspiegel, Linsen und Springbrunnen

Die Legende, Archimedes habe feindliche Schiffe durch reflektiertes und konzentriertes Sonnenlicht in Brand gesetzt, ist unwahr. Wahr hingegen ist, daß Alchimisten und Chemiker schon frühzeitig und mit Erfolg versuchten, Stoffe mit Hilfe von Hohlspiegeln oder Linsen zu schmelzen oder zu verbrennen.

So bot J. R. Glauber 1668 einen Hohlspiegel zum Verkauf an,

»dadurch man die Sonnenstrahlen in die Enge konzentrieren kann, daß man die leichtflüssigen Metalle ... damit schmelzen kann, und die hartflüssigen glühend machen kann... Er ist in seinem Diametro zwei Fuß, rein gegossen und poliert«.

Etwa um die gleiche Zeit experimentierte Ehrenfried Walter Graf von Tschirnhaus (1651–1708) mit eigens gefertigten großen Brennspiegeln und -gläsern. Es gelang ihm, in fünf Minuten »einen Thaler zu schmelzen«, aber auch zum Verbrennen eines Diamanten reichte die Hitze aus — erstaunlich übrigens, daß im Laufe der Jahrhunderte immer wieder Diamanten für Hitzeexperimente herhalten mußten ...

Antoine-Laurent Lavoisier (1743—1794) fand in seinem »Brennglaswagen« bereits eine elegantere Lösung: Um den Schmelztiegel in bequem erreichbarer Höhe zu haben, wählte er statt eines Hohlspiegels zwei Linsen (eine davon mit 1,20 m Durchmesser), deren Höhenwinkel leicht verstellt werden konnte. Auch Lavoisier verbrannte — unter anderem — einen Diamanten, und zwar in einem geschlossenen Glasgefäß. Ein nicht billiges Experiment, das jedoch wie viele andere Verbrennungsversuche Lavoisiers erheblich dazu beitrug, eine richtige Vorstellung von den Verbrennungsvorgängen zu bekommen und die überlieferte Phlogistonlehre zu widerlegen.

Daß solche »Sonnenöfen« durchaus keine verschwenderische Kuriosität sind, als die sie damals abgetan wurden, zeigen moderne Sonnenanlagen für Höchsttemperaturuntersuchungen, z. B. die in den französischen Pyrenäen.

Mit harmloseren Anwendungen der Sonnenwärme befaßte sich bereits der französische Techniker Salomon de Caus (1576—1626).

Der Brennglaswagen Lavoisiers um 1780

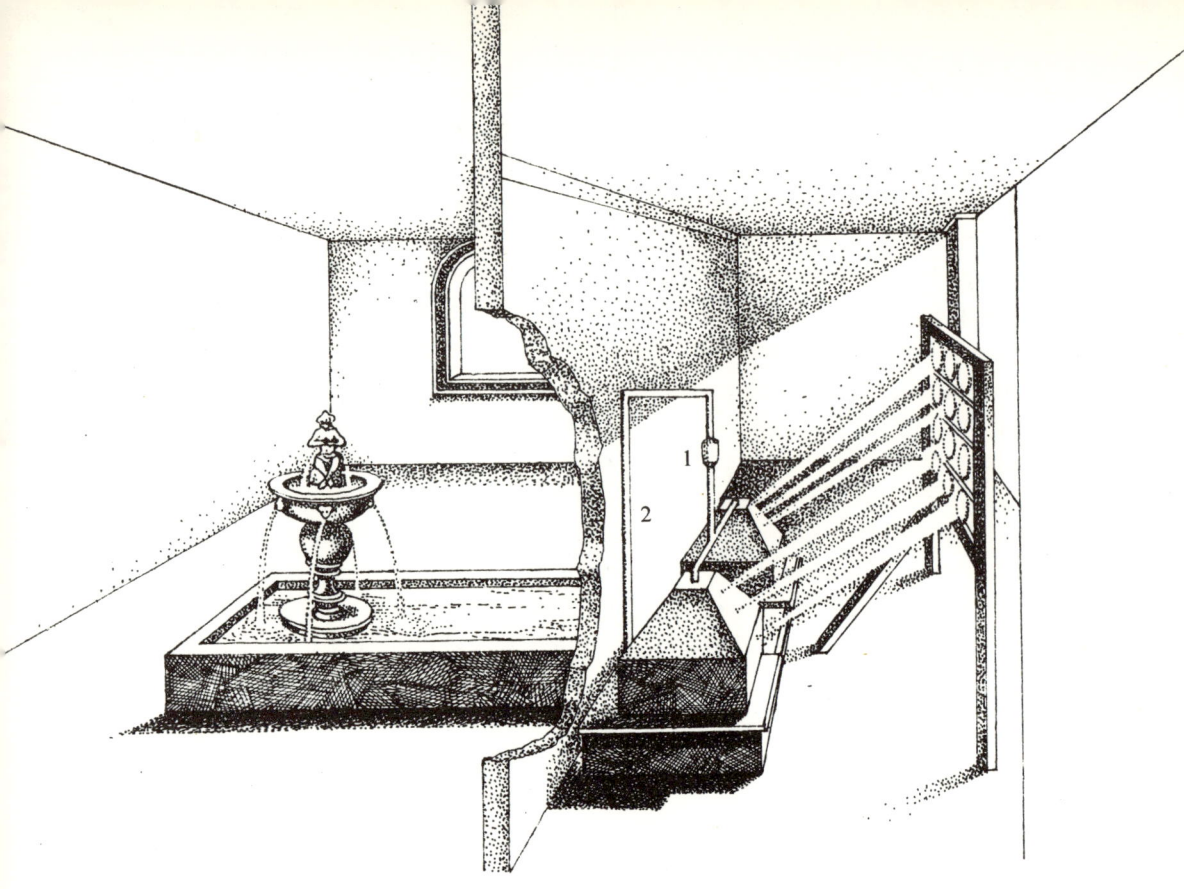

In seinem 1615 erschienenen Buch »Les raisons des forces mouvantes« beschreibt er unter zahlreichen anderen technischen Einrichtungen und Projekten auch Möglichkeiten zur Anwendung der Sonnenenergie.

Sonnenenergie treibt Springbrunnen 1615

Sein Vorschlag für kurzzeitigen Betrieb eines Springbrunnens ist einfach: In einem Gestell sind Brenngläser nebeneinander aufgereiht. Das von ihnen gesammelte Sonnenlicht fällt auf zwei geschlossene und teilweise mit Wasser gefüllte Behälter. Röhren tauchen bis dicht über den Boden in die Behälter und sind über ein Ventil 1 und das Rohr 2 mit dem Oberbecken eines Springbrunnens verbunden. Fällt Sonnenlicht durch die Linsen auf die Behälter, erwärmt sich die Luft über dem Wasser und drückt es in den Springbrunnen. Das funktioniert allerdings immer nur für eine kurze Zeitspanne, denn eine Einrichtung, die die Linsen dem Sonnenstand nachführt, ist nicht vorgesehen.

Ein zweiter Vorschlag von de Caus verzichtet auf Linsen oder Spiegel und erinnert fast an manche der heute gebräuchlichen Sonnenkollektoren.

Vier Kästen aus Kupferblech sind miteinander durch bis dicht über ihre Böden reichende Rohre verbunden und bis zu etwa einem

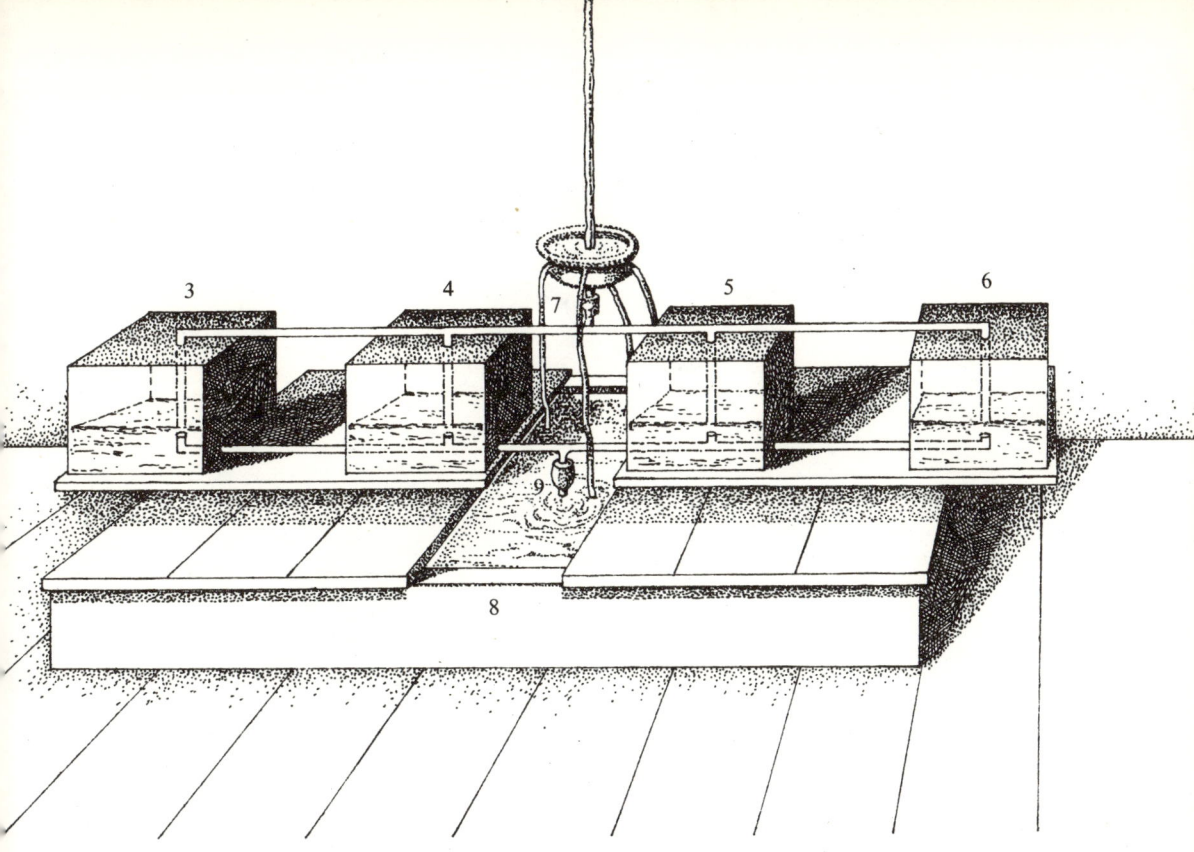

Ein anderer »Springbrunnenvorschlag« 1615

Drittel ihrer Höhe mit Wasser gefüllt. Bei Inbetriebnahme werden die Öffnungen 3, 4, 5, 6 in den Kastendeckeln freigegeben. Ein Teil der durch die Sonnenstrahlung erhitzten Luft entweicht. Daraufhin werden die Öffnungen verschlossen. Der Druck über der Flüssigkeit ist somit gegenüber dem der Außenluft vermindert. Unter der Einwirkung der Sonnenwärme beginnt Wasser zu verdampfen, der Dampfdruck treibt Wasser durch das Auslaßventil 7 in den Springbrunnen. Von dort fließt es in den unteren Behälter 8 zurück. Nach Sonnenuntergang oder bei aufziehender Bewölkung kühlen sich die Kästen ab, der Dampf kondensiert. Durch den äußeren Luftdruck wird über das Einlaßventil 9 aus dem unteren Behälter Wasser nachgefüllt, die Anlage ist erneut betriebsbereit.

Schon Glauber berichtet, »man kann einen Becher Wasser auf dem Tisch kochend machen«, indem man durch eine Linse konzentriertes Sonnenlicht auf ihn richtet.

Der Gedanke, durch Sonnenenergie Dampf zu erzeugen, behauptete sich. So arbeitete gegen Ende des vergangenen Jahrhunderts in Kalifornien eine Anlage mit 1 700 Spiegelsegmenten und einem 4 m langen, zylindrischen Dampfkessel. Ein Uhrwerk führte die kegelstumpfartig aufgereihten Spiegel dem Sonnenstand nach.

Sonne macht Dampf

Schon vor einem Jahrhundert: Druckpresse mit Solarantrieb 1882

Im Sommer 1882 erschien in Paris anläßlich einer Ausstellung das »Sonnen-Journal«! Bei Käufern galt das Blättchen weniger wegen seines Inhalts, sondern vor allem wegen seiner Entstehungsweise als Sammelobjekt. In der Achsrichtung eines Hohlspiegels von 3,5 m Durchmesser war ein Dampfkessel angebracht, der eine 2-PS-Maschine (etwa 1,5 kW) speiste. Von ihr führte ein Transmissionsriemen zur Druckpresse, auf der selbst »bei nicht starkem Sonnenschein« in vier Nachmittagsstunden 500 Exemplare des Sonnen-Journals gedruckt werden konnten. Zu einer selbsttätigen Spiegelnachführung hatte man sich nicht aufraffen können, der Drucker mußte seine Presse in kurzen Abständen verlassen und zum Nachstellrad eilen.

50 l Wasser ließen sich nach Angabe des Erfinders mit der Anordnung in 50 Minuten zum Kochen bringen. Die Hoffnung, er werde durch seine Demonstration eine »Antriebskraftrevolution« in brennstoffarmen Gebieten auslösen, konnte sich bei solchen Werten natürlich nicht erfüllen. Nirgendwo auf der Welt werden Zeitungen mit Sonnenenergie gedruckt.

Trotzdem ist der Kessel mit »Sonnenheizung« noch immer (und zunehmend »immer wieder«) interessant. Allerdings sind solargespeiste Kessel von heute größer, effektiver und auch komplizierter als ihre damaligen Vorläufer. Anlagen, die in der Sowjetunion, in Japan, Mexiko und einigen anderen Ländern ausgeführt oder projektiert wurden, unterscheiden sich von ihnen nicht nur durch Größe und Leistung. Die früher nötigen Hilfskräfte entfallen, Flach- oder Hohlspiegel werden über fotoelektrische Steuerungen dem Sonnenstand selbsttätig nachgeführt; niemand muß sich darum kümmern, daß rechtzeitig Wasser nachgefüllt oder der Dampfdruck reguliert wird. Die Anlagen arbeiten sozusagen von allein und ständig optimal. Trotzdem sind auf diese Weise nur verhältnismäßig geringe Leistungen zu erzielen – Leistungen, die für eine nicht zu große Siedlung oder einen mittleren Betrieb ausreichen, die aber keinen wesentlichen Beitrag für ein ausgedehntes Verbundnetz zu liefern vermöchten.

Bleiben wir also bei den »Kleinen«. Zu den kleinsten sonnenbeheizten Kesseln, die heute betrieben werden, zählt die »Sonnen-Kaffeemaschine«, von einer Schweizer Firma 1980 angeboten. Zwei Hohlspiegel konzentrieren das Sonnenlicht im Innern eines Thermosgefäßes, Wasser beginnt zu kochen, der sich bildende Dampf drückt es durch das Kaffeepulver im Unterteil der Maschine. Selbst wohlmeinende Journalisten, die den so zubereiteten Kaffee auf einer Erfindermesse kosten durften, meldeten Zweifel an, ob dies technische Wunderwerk wirklich so »unerhört praktisch« sei, wie die Werbeschrift meinte. Es soll ja Kaffeeliebhaber geben, die auf ihren Mokka auch bei trübem Wetter nicht verzichten wollen...

Ist dieser Kaffeekocher wirklich nur ein Kuriosum? Nicht unbedingt – bereits einige Jahre vorher waren in asiatischen Ländern nach dem gleichen Prinzip funktionierende Sonnenkocher zum Reisgaren oder Teebereiten aufgetaucht. Einfach (selbstverständlich ohne »Nachführung«), zusammenlegbar, preiswert haben sie sich durchaus bewährt und werden in indischen Dörfern ebenso wie von mongolischen Hirten aufgestellt.

Jede Satellitenübertragung belegt, daß und wie Sonnenlicht in Elektrizität umgesetzt werden kann. Dieser Effekt ist zwar seit

Elektrizität aus Sonnenlicht

einem runden Jahrhundert bekannt und wurde für zahlreiche meßtechnische Aufgaben ausgenutzt. Zur Energiegewinnung aber waren Fotoelemente — so nennt man diese Wandler — bei weitem nicht leistungsfähig genug. Infolgedessen interessierte sich zunächst kaum jemand für diese Möglichkeit ihrer Anwendung.

Das änderte sich gründlich, als in der zweiten Hälfte der fünfziger Jahre, ermöglicht durch die Erkenntnisse der Festkörperphysik und stimuliert durch die sich anbahnende Raumfahrttechnik, das bislang dominierende Selenfotoelement durch das effektivere Siliziumfotoelement, die Sonnen- oder Solarzelle, abgelöst wurde.

Was sich für die Bordenergieversorgung von Raumflugkörpern bewährte, sollte auch irdischen Energieverbrauchern zugute kommen. Allerdings sorgten Solarkonstante, geographische Lage und klimatische Bedingungen sowie der bei Siliziumfotoelementen ebenfalls noch geringe Wirkungsgrad (unter 15 %) dafür, daß die Bäume nicht in den Himmel wuchsen. Da Solarkonstante, geographische Lage und meteorologische Bedingungen sich unserer Einwirkung entziehen, bleibt zur Verbesserung nur die Erhöhung des Fotoelementwirkungsgrades übrig. In der Tat wird hier ein gerüttelt Maß an Forschungs- und Entwicklungsarbeit aufgewendet, und man schreitet langsam und stetig voran, wobei auch nach geeignete-

Mehrfach versucht: das sonnengetriebene Auto 1960

ren Halbleitermaterialien gesucht wird. Allerdings darf nicht verschwiegen werden: Weil eine entscheidende Wirkungsgradsteigerung tiefgreifende Folgen hätte, tauchen immer wieder übertrieben optimistische Pressemeldungen über das »Fotoelement von morgen« auf. Der Mantel des Schweigens hüllt sie meist bald wieder ein.

Unentwegte ließen und lassen sich dadurch nicht abschrecken. In England z. B. stöberten sie 1960 irgendwo ein Elektromobil aus dem Jahre 1912 auf. Mit Gleichstrommotoren und Akkumulatoren war dieser sehr umweltfreundliche Oldtimer einst mit 15 km/h durch Londons Straßen geschnurrt. Jetzt wurde er umgerüstet: Das Dach wurde mit mehreren tausend hinter- und parallelgeschalteten Fotoelementen belegt. Innerhalb weniger Stunden luden sie, sofern die Sonne mitmachte, die Akkumulatoren auf. Das Fahrzeug konnte starten und mit der Geschwindigkeit eines trainierten Radfahrers fast 80 km weit fahren. Eine mehrstündige (Dauer je nach Sonnenschein) Zwangspause zum erneuten Batterieladen schloß sich an, dann erst konnte die Fahrt fortgesetzt werden. Auch bei herrlichstem Sonnenschein waren die Fotoelemente nicht leistungsfähig genug, die Elektromotoren direkt zu speisen. Finanziert wurde das Experiment übrigens von einer Siliziumgleichrichter und -sonnenzellen produzierenden Firma.

Zwanzig Jahre später war man auch noch nicht viel weiter. Nach wie vor reichten die Fotoelemente auf dem Dach nur zum Nachladen der Speiseakkumulatoren. Immerhin brachte es ein Fahrzeug von 1980 bereits auf eine Fahrtstrecke von 100 km, die mit maximal 50 km/h zurückgelegt werden konnte.

Das von Sonnenzellen angetriebene Auto wird, zumindest unter irdischen Bedingungen, wahrscheinlich stets nur eine Kuriosität oder ein Sonderfall bleiben. Fairerweise ist anzumerken, daß keiner seiner Konstrukteure je den Anspruch erhob, so etwas wie *das* Fahrzeug der Zukunft zu schaffen. Andererseits bezweifelt niemand: Die Vorzüge eines elektrisch betriebenen Kraftwagens wären so unübersehbar, daß man jedem auch nur entfernt möglich erscheinendem Wege zu seiner Verwirklichung nachgehen sollte.

Sonnenautos sind Schönwetterfahrzeuge. Bei Wolken, Nebel oder Regen bleiben sie schlimmstenfalls stehen. Sonnenflugzeuge sind in solchen Fällen, wie leicht vorstellbar, weit übler dran. Der Schöpfer des ersten Sonnenflugzeugs – es war der gleiche Ingenieur, der das Muskelkraftflugzeug für die erfolgreiche Kanalüberquerung konstruierte (vgl. S. 173) – ließ sich dadurch nicht abschrecken. Im August 1980 absolvierte sein sonnengetriebener »Pinguin« einen ersten noch unbefriedigenden Testflug. Etwa

Sonnenauto und Sonnenflugzeug

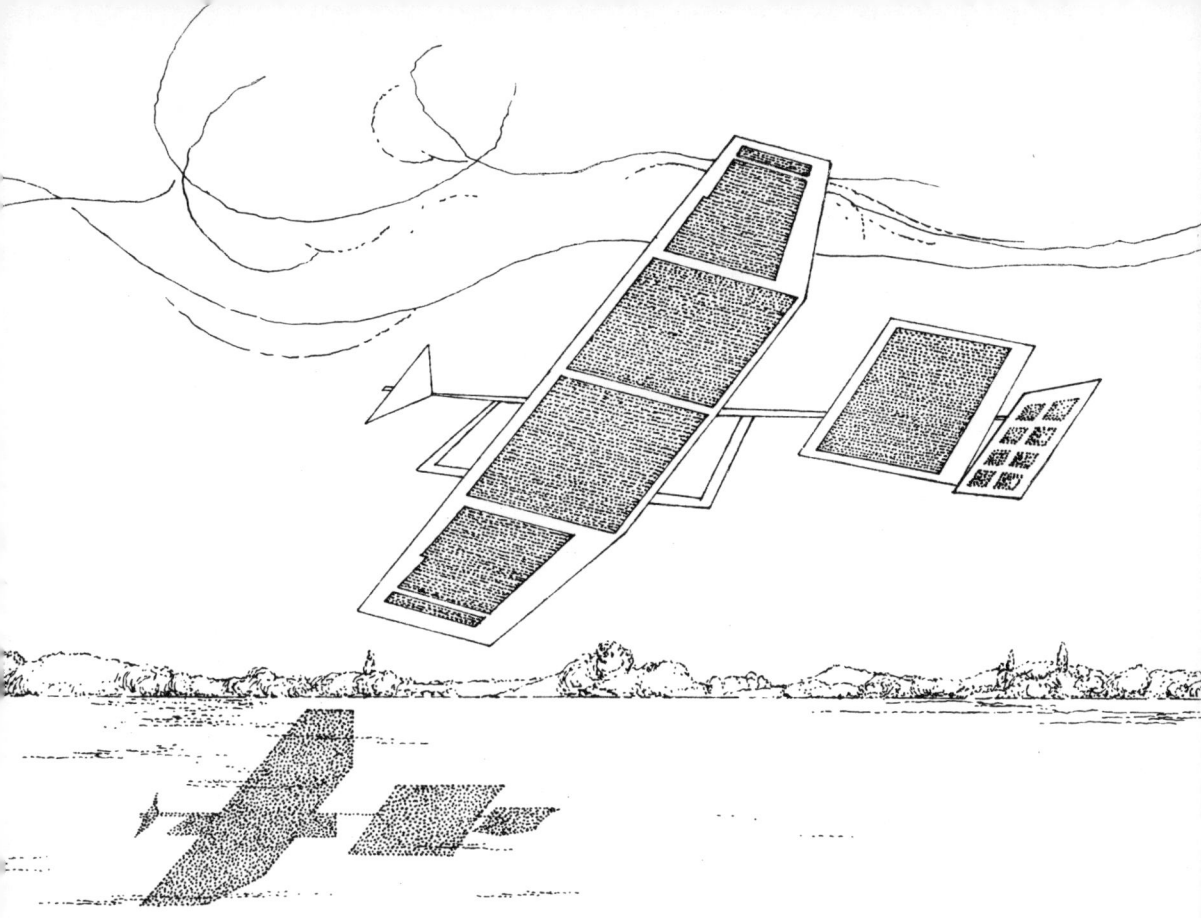

3000 Sonnenzellen waren zum Antrieb des Elektromotors auf den Höhensteuerflächen befestigt. Sie reichten nicht aus, und so wurden nun auch die Tragflächen mit Solarzellen belegt — wie sich zeigen sollte, nicht ohne Erfolg. Im Dezember des gleichen Jahres flog die verbesserte Konstruktion an die 30 km weit und erreichte dabei über 1000 m Höhe. Leider mußte der Versuch abgebrochen werden, weil Wolkentürme und Regenschauer die Sonnenzellen lahmlegten.

Der Erfinder vervollkommnete sein Flugzeug. Im Sommer 1981 überflog es den Kanal, nunmehr mit 16000 Sonnenzellen und einem 2,7-kW-Motor ausgerüstet. Nicht uninteressant ist, daß die US-Airforce für weitere Versuche eine Luftwaffenbasis zur Verfügung stellte und der Chemiekonzern DuPont mehr als ein bescheidenes Scherflein zur Realisierung beisteuerte. Selbst diese Förderung hat jedoch an der Tatsache nichts zu ändern vermocht: Das Sonnenflugzeug ist noch problematischer als das Sonnenfahrzeug, weil bisher kein geeigneter Elektrizitätsspeicher für sonnenlose Zeiten verfügbar ist. Sollte es ihn eines Tages geben — und im Prinzip spricht nichts dagegen —, würden sich in der Tat Möglichkeiten eröffnen, von denen wir heute kaum zu träumen wagen.

Flug in der Sonne mit Energie der Sonne 1980

Sonnenenergie auf Abwegen

Auf Elektrizitätsspeicher verzichten gegenwärtig auch andere Erfindungen nicht, in denen Sonnenzellen eine Rolle spielen. So gibt es Armbanduhren, die von einer Sonnenzelle betrieben werden, trotzdem aber einen Kleinstakkumulator enthalten. Für eine Wohnraumuhr ließe man sich das schon gefallen (bekannt wurden Ausführungen, in denen die Sonnenzellen gleichzeitig das Zifferblatt darstellen), aber für eine Armbanduhr? Sie steigt dadurch in der Größe und vor allem im Preis. Zum erhofften Verkaufsschlager wurde sie bis heute nicht. Ähnliches gilt für lichtgespeiste Taschenrechner, obwohl diese bereits unter einer Schreibtischlampe funktionsfähig sind.

Den Vogel dürfte ein »Sonnenfeuerzeug« abschießen: Sonnenzellen laden einen Mini-Akkumulator, dieser wieder bringt bei Knopfdruck eine Drahtspirale zum Glühen. Warum einfach, wenn es auch viel komplizierter geht?

Tröstlich bleibt, daß auch nützlichere Dinge auf dem Markt sind. Die Taschenlampe z. B., deren Akkumulator tagsüber stets wieder über Solarzellen aufgeladen wird, kommt unserer Vergeßlichkeit beim Batteriekauf entgegen. Auch die sonnenbetriebene Kühlbox für Impfstoffe ist für manche Gegenden zweifelsohne von nicht unerheblicher Bedeutung.

4

Vorrichtung zum Verhüten des Schnarchens
Frischluft zum Schlafen, einmal anders

Rund um den heimischen Herd

Glas + Strom = Juwelen?
Doebereiners Zündmaschine
Zahnbürste mit Uhrwerkantrieb
„Bratmaschine" mit Gasfeuerung
Patentierter „Schnurrbartschützer"
„Einfaches" elektrisches Feuerzeug
Ein Notbehelf: Sägeblattfeuerzeug
Man muß den Schirm nicht tragen
Jedem seinen Aufzug!
Mücheneisenbahn

Der Generationen hindurch romantisch verbrämte heimische Herd — in übertragenem Sinne verstanden — war seit jeher ein Tummelplatz von Erfindern. Er ist es noch heute. Oder hat Ihnen noch nie ein fliegender Händler den »universellen Obst- und Kartoffelschäler«, den »tränensicheren Zwiebelschneider« oder den »idealen Fleckentferner« zu verkaufen versucht?

Die Zahl der Erfindungen »für Haus und Garten« reicht vom Küchenherd bis zur Spieldose im Nachtgeschirr, von der Eierschälmaschine bis zum Schnurrbartschützer, von der dampfbetriebenen Wiege bis zur hydraulischen Schuhputzmaschine, von der temperaturgeregelten Milchflasche bis zum Radiowecker, der sich immer lauter und drängender meldet, wenn wir seine Taste nicht drücken.

Manches aus diesem reichhaltigen Arsenal erwies sich als praktikabel, vieles nicht. Noch heute verschwinden technisch angeblich nahezu vollkommene Haushaltsgeräte nach wenigen Wochen für immer ganz hinten im Schrank, weil sie zwar flott arbeiten, aber umständlich zu reinigen oder auf- und abzubauen sind.

Um und für den heimischen Herd wird noch für viele Dezennien weitererfunden werden. Daß *der* Büchsenöffner noch immer nicht existiert, könnte eine Anregung sein.

Ahnen des Grills

Heimischer Herd beginnt beim Herd in engerem Sinne. Wir wollen auf all das, was im Laufe der Zeit auftauchte und wieder in Vergessenheit geriet, nicht eingehen, sondern nur anmerken, daß der bereits genannte, durch Reibungswärme betriebene Herd (vgl. S. 32) keine Anhänger fand. Wer sollte die Kurbel so emsig und lange drehen, daß eine Gans durchgebraten wurde? Der Reibungsherd war physikalisch und technisch Unsinn, wegen seines lächerlich niedrigen Wirkungsgrades hätten ihn sich wohl nicht einmal unsere Altvordern leisten können.

Bleiben wir zunächst beim Gänsebraten. Schon aus der Zeit Leonardo da Vincis (vermutlich von ihm selbst) existiert ein Vorschlag für einen selbsttätigen Grill, der sogar Elemente der Regeltechnik einschließt. Im Abzug des Herdfeuers wird eine Heißluftturbine installiert und von der emporsteigenden Warmluft in Drehung versetzt. Über einen Kettenantrieb dreht sie den Braten. Nimmt die Hitze zu, wird die Rotation schneller; sinkt die Glut zusammen, wird sie langsamer. Ob, wann und wo diese Bratapparatur ausgeführt wurde, ist nicht bekannt.

Die Bratmaschine vom Ende des 19. Jahrhunderts sah schon »technischer« aus. Gasflämmchen erzeugten die Wärme, das Drehen des Bratens übernahm ein Uhrwerk. Es gab nach einstellbarer

Zeit ein Klingelzeichen. Abtropfendes Fett wurde in einer Schale aufgefangen. Ob Grillkonstrukteure von heute aus diesen Quellen schöpften?

Ein Feuer durch Reibung zu entzünden ist nicht schwierig, solange wir Abenteuererzählungen Glauben schenken. Unternehmen wir selbst ein solches Experiment, werden wir begreifen, warum es als strafwürdig galt, ein Feuer aus Nachlässigkeit verlöschen zu lassen.

Allerlei Feuerzeuge

Feuermachen mit Lunte, Stahl und Stein war zwar ein beachtlicher Fortschritt, aber auch recht umständlich, selbst dann noch, als man das bald nach 1500 erfundene Radschloß für Feuerwaffen zum Feuerzeug umfunktionierte.

Zu den ersten Taschenfeuerzeugen gehört das pneumatische Feuerzeug. Um 1800 erhielt es bescheidene Verbreitung. In einem einseitig verschlossenen Rohrstück wird mit der Hand ein möglichst luftdicht gleitender Kolben herabgeschlagen. Die Luft erhitzt sich durch die plötzliche Kompression so, daß Feuerschwamm am Kolben oder im Rohr zu glimmen beginnt. Dadurch wieder wird eine Lunte, etwa ein Schwefelfaden, in Brand gesetzt.

Bekannter wurde die nach dem Jenenser Chemieprofessor Johann Wolfgang Doebereiner (1780–1849) benannte »Zündma-

»Bratmaschine« mit Gasfeuerung Ende des 19. Jh.

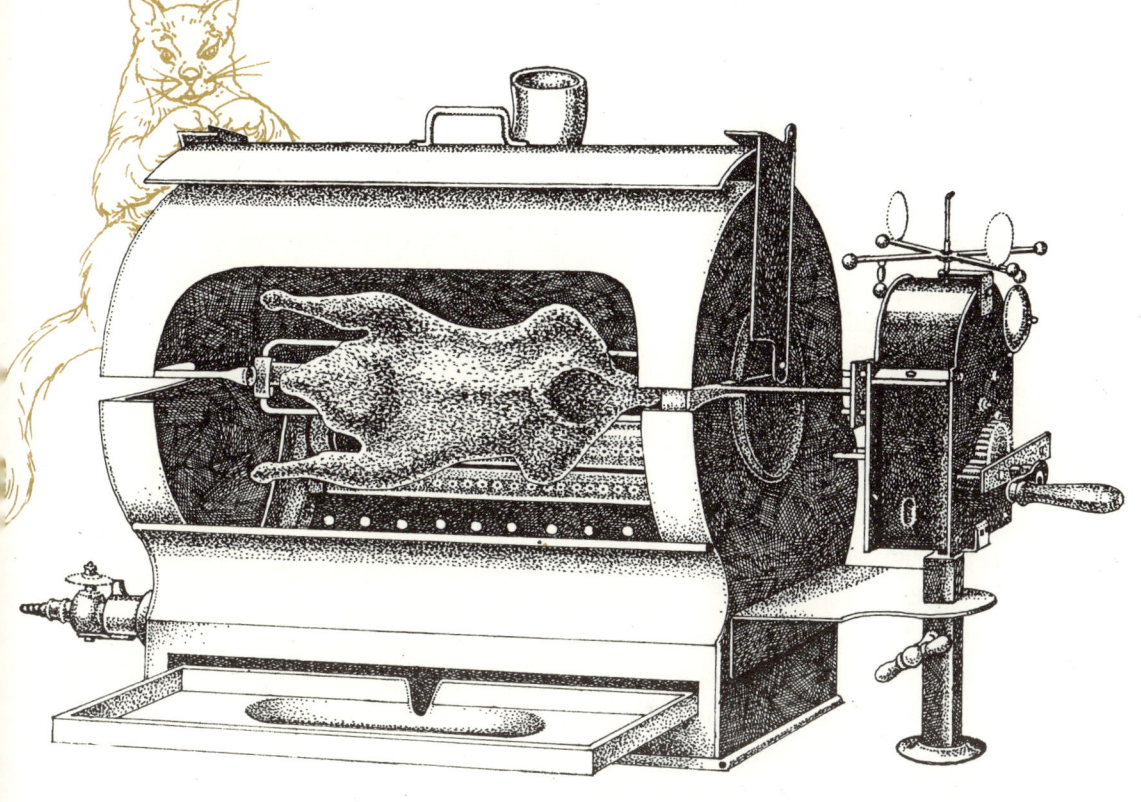

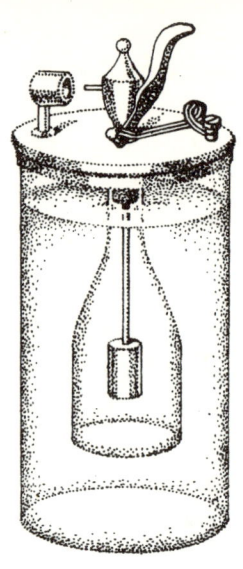

Doebereiners
Zündmaschine
1823

schine« (1823). Eine Glocke taucht in einen Behälter mit verdünnter Schwefelsäure. In der Glocke ist ein (in der Skizze zylinderförmiges) Stück Zink befestigt; ein mit einem Hahn verschließbares Rohrstück führt aus der Glocke. Es entwickelt sich Wasserstoff, der (bei geschlossenem Hahn) die Schwefelsäure nach unten drückt, bis sie das Zink nicht mehr benetzt. Damit hört die Gasentwicklung zunächst auf. Wird der Hahn geöffnet, tritt Wasserstoff aus. Er trifft auf Platinschwamm in einer Halterung vor der Rohrmündung und entzündet sich. Das Entflammen von Wasserstoff an feinverteiltem Platin wurde später auch bei »selbstzündenden« Gasbrennern ausgenutzt, doch erwies sich dieses Verfahren als unzuverlässig.

Ob chemische »Tunkfeuerzeuge« nicht besser als Vorläufer der Zündhölzer zu bezeichnen sind, ist Ansichtssache. Ihr Eigentümer trug ein Gläschen mit konzentrierter Schwefelsäure bei sich, dazu einen kleinen Köcher mit Hölzchen, deren eines Ende in Schwefel getunkt und dann mit einer Mischung aus Kaliumchlorat und Zucker überzogen worden war. Brachte man ein Hölzchen mit der Säure in Berührung, entzündete es sich.
Aus den folgenden Zeilen können wir entnehmen, daß Tunkfeuerzeuge nicht harmlos waren:

»Die Gefährlichkeit bestand darin, daß bei der Verpuffung des chlorsauren Kalis Teile umhergeschleudert wurden, wodurch oft die Anzüge in Brand gerieten.«

Wie gut, daß so etwas mit Zündhölzern von 1985 nicht mehr passiert (??). Auch Schwefelsäure bei sich zu tragen ist nicht gerade jedermanns Sache, man denke an die Folgen »harmloser Spritzer«, die man beim Füllen eines Akkumulators zunächst übersah!

Bereits um 1780 existierte ein elektrisches Feuerzeug. Auch diesmal wurde aus Zink und Schwefelsäure Wasserstoff gewonnen. Beim Öffnen des Ausströmhahns sprang der Funke eines Elektrophors über und zündete den Wasserstoff.

Eine Variante der Doebereinerschen Zündmaschine kombinierte ein galvanisches Element mit der Wasserstoffentwicklung. Die Stelle des Platinschwamms nahm ein dünner Draht ein, der durch den Strom des Elements zum Glühen gebracht wurde.

Als Taschenfeuerzeug war die in der Skizze abgebildete Glocke bestimmt nicht geeignet, schon deshalb nicht, weil sie mit einer galvanischen Batterie oder »der häuslichen Telegraphen- oder Telephoninstallation« verbunden werden mußte.

Dieses elektrische Feuerzeug sah komplizierter aus, als es funktionierte. Eine poröse Masse im Glockenunterteil saugte ein Gemisch aus Alkohol und Ether auf. Ein nichtleitender Stab mit Handgriff 1 reichte bis in das Unterteil. Sein eintauchendes Ende trug ein Metallkörbchen, das Watte oder Filz umschloß und infolgedessen ebenfalls Brennstoff aufsaugte. Das Metallgehäuse war mit einem Pol der galvanischen Batterie verbunden, der andere Pol führte zur gegenüber dem Gehäuse isolierten Kontaktzunge 2. Beim Herausziehen des Stabes schlossen federnde Streifen zunächst den Brennstoffvorratsraum ab, um einer Explosion vorzubeugen. Glitt das Metallkörbchen an 2 vorbei, floß vorübergehend Strom. Der Abreißfunke beim Öffnen des Stromkreises entzündete den Brennstoffdampf am Körbchen.

Feuermachen — elektrisch

»Einfaches« elektrisches Feuerzeug 1893

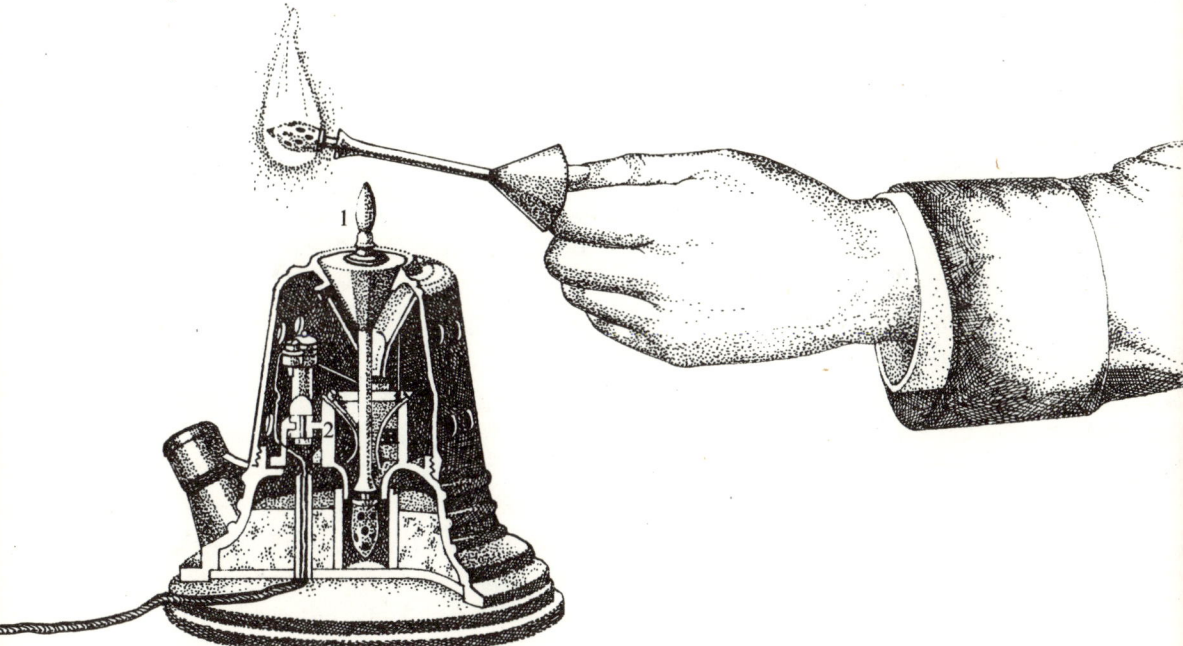

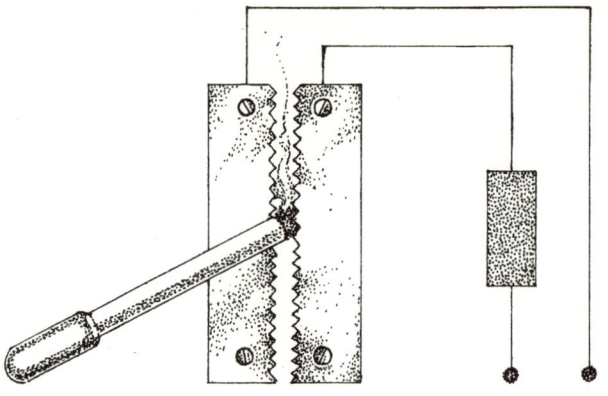

Ein Notbehelf:
Sägeblattfeuerzeug
nach 1945

Lesern, die sich der ersten Nachkriegsjahre entsinnen, ist bei dieser Beschreibung vielleicht ein kurioses Feuerzeug eingefallen, das dem damaligen Mangel an Zündhölzern und Feuersteinen abhelfen sollte und in mancherlei Ausführung, meist im Eigenbauverfahren, entstand.

Zwei Stücke eines ausgedienten Sägeblatts oder ähnlich geformte Blechstreifen wurden in geringem Abstand parallel zueinander auf einer isolierenden Unterlage befestigt. In eine Metallhülse wurde ein Docht gezogen, der vorn ein Stückchen herausragte und mit Benzin oder einer anderen leicht brennbaren Flüssigkeit getränkt war. Verband man die Streifen mit den Anschlüssen einer Spannungsquelle und fuhr man mit der Metallhülse an der Lücke entlang, gab es ein elektrisches Miniaturfeuerwerk, das die Flamme am Docht entzündete. Spannungsquelle war das Lichtnetz; daher mußte ein den Kurzschluß verhütender Schutzwiderstand vorgeschaltet werden. Das Widerstandsmaterial reichte von alten Kohlestiften aus Scheinwerfern oder Taschenlampenbatterien über Bleistiftminen bis zu wassergefüllten Reagenzgläsern.

In Rundfunkgeräten der Nachbarschaft machte sich dieser Feuerzeugbetrieb durch Prasseln bemerkbar. Wurde wie damals so oft der Strom abgeschaltet, fiel auch das Feuerzeug aus.

Ein anderes elektrisches Feuerzeug aus jenen Tagen war nur an Wechselstromnetzen zu gebrauchen. Es bestand aus einem Transformator, der die Netzspannung auf einen ungefährlichen Wert herabsetzte, einer Drahtwendel, die durch den Strom niedriger Spannung zum Glühen gebracht wurde, und einem Schalter. Einige Firmen, die Restbestände an geeigneten Transformatoren hatten, produzierten diese Feuerzeuge.

Mit Transformator und Induktor

Aber nicht nur Zündholz*mangel* stimulierte Feuerzeugerfinder. So lesen wir im Jahrgang 1909 der Zeitschrift »Kosmos«:

»Kaum hat uns der Reichstag die Zündholzsteuer beschert, da wird auch schon der Markt mit ›Feuerzeugen‹ überschwemmt, die ›billigen‹ Ersatz für die verteuerten Schweden (Zündhölzer, C.) bieten sollen. Vom patriotischen Standpunkte aus ist das Bestreben, die Zündholzsteuer zu umgehen, nicht gerade zu loben ... Doch niemand zahlt gern Steuern ... Deshalb greift mancher wieder nach dem Feuerzeug.«

Es folgt die Beschreibung eines »leicht zu bauenden, praktischen« (?? C.) Feuerzeugs. Sein Erfinder war Physiklehrer, und so entstammen die Teile dem physikalischen Kabinett eines Gymnasiums: ein Akkumulator, ein Funkeninduktor, ein Benzinfläschchen mit Rohransatz und eingezogenem Docht. Wird der Knopf eines Schalters gedrückt, springen am Induktor Funken über. Man hält das Fläschchen daran und hat schon Feuer.

Der »patriotische Standpunkt« siegte: Das steuerhinterziehende Feuerzeug bürgerte sich nicht ein. Oder sollte es an der dem heimischen Herd wenig angemessenen Physiklehrerkonstruktion gelegen haben?

Feuer aus dem Funkeninduktor gegen teure Zündhölzer? 1909

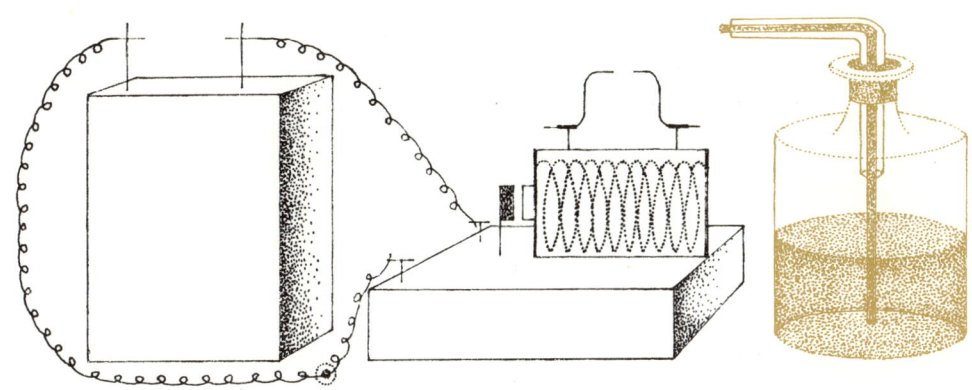

Auch vor dem Speisezimmer machte die Technik nicht halt. Wer beispielsweise vor dem Essen seinen Magen anregen wollte, konnte zum Telefon greifen — zum »Liqueurtelephon« nämlich, einem Schränkchen in Größe und Aussehen eines Wandfernsprechers mit den damals üblichen Abmessungen.

Magenbitter aus dem Telefon — Speisen per Miniaturbahn

»Sobald man das Hörrohr abhebt, ertönt das Alarmsignal, worauf sich die Thür öffnet u. e. completes Liqueurservice mit Spiegelvorrichtung sichtbar wird.«

Zwölf Mark kostete 1891 dieses technische Wunderwerk. Auch Raucher konnten sich daran erfreuen, denn für zehn Mark war es als »Cigarrenreservoir« zu haben.

Kücheneisenbahn
1887

In jüngster Zeit erfreut sich die »Durchreiche« zwischen Küche und Wohnzimmer wachsender Beliebtheit. Vor fast hundert Jahren gab es sie als Tunnel für eine elektrische Miniaturbahn.

Auf ihren Gleisen wurden den Gästen die Speisen vorgefahren und danach die geleerten Platten in die Küche zurücktransportiert.

Patentierter
»Schnurrbart-
schützer«
1872

Kinder der Eisenbahnbesitzer sollen begeistert gewesen sein. Trotzdem hat der Erfinder im trauten Heim wenig an seiner Errungenschaft verdient. Nur einige wenige Schlemmergaststätten ließen es sich nicht nehmen, sogar weitaus kompliziertere Anlagen dieser Art für den »gleich kommenden Kollegen« zu installieren. Auch hier jedoch verblaßte der Reiz des Neuen rasch, und der gastronomische Service spielte sich wieder zu Fuß ab.

Schnurrbärte galten zwar — in deutschen Landen vor allem in der von Kaiser Wilhelm II. kreierten Form — eine Zeitlang als besonderes Attribut gepflegter Männlichkeit, störten aber mitunter beim Essen und Trinken, z. B. dann, wenn man ein Glas bis zur Neige leeren wollte.

Der patentierte Schnurrbartschützer, dessen Erfinder sich in feiner Bescheidenheit einen Wohltäter der Menschheit nannte, packte dieses Übel wenn auch nicht an der Wurzel, so doch bei den Haaren. Er wurde wie ein »Zwicker« festgeklemmt, nur am anderen Ende der Nase, und bewahrte so den kostbaren Bart vor Berührung mit Speisen und Getränken.

Vor einigen Jahren konnte man Rasierapparate kaufen, die über ein Federwerk angetrieben wurden. Die Zahnbürste mit rotierenden Borsten und Uhrwerk blieb unseren Großeltern vorbehalten.

Von Bartschützern, Zahnbürsten und Bettlüftern

Zahnbürste mit Uhrwerkantrieb um 1890

Heutzutage macht man das besser – mit Elektromotor und hin- und hergehenden Borsten. Trotzdem hat auch diese Variante wie schon ihre Vorgänger die manuelle Zahnbürste nicht verdrängen können.

Das gleiche Los widerfuhr einer Bürste speziell für die Zahnrückseiten. Sie wurde über die Zungenspitze gestülpt, der Mund mit Wasser gefüllt und die Zunge auf- und abbewegt. Begeistert von dieser Gymnastik war vermutlich nur der Erfinder. Käufer fanden sich kaum.

Gesunder und bequemer Schlaf hatte es Erfindern seit eh und je angetan. Klappbett, Luftmatratze und Wasserbett sind keineswegs Errungenschaften aus jüngster Zeit, sondern wurden schon vor Jahrhunderten vorgeschlagen, auch wenn ihre Verwirklichung noch auf zu große Schwierigkeiten stieß. Auch das vorgewärmte bzw. vorgeheizte Bett gab es schon, und nicht etwa nur mit erhitzten Stei-

nen oder einer Wärmflasche. Da das mit glühenden Kohlen gefüllte Becken unter dem Bett Schläfer des öfteren erstickt oder verbrannt hatte, suchte man diese Höllenmaschine zu entschärfen: Ein Ofen wurde im Vorzimmer aufgestellt und sein Abzugsrohr unter der Matratze hindurchgeführt. Das Resultat blieb bescheiden und wurde auch nicht viel besser, als man wie bei der späteren Warmwasserheizung eine von heißem Wasser durchströmte Rohrschlange durch das Bett führte. Erst die elektrische Heizdecke bescherte eine wirklich akzeptable Lösung.

Sogar mit dem Schnarchen haben sich, wie eine Patentschrift von 1889 erweist, keineswegs nur Humoristen und Karikaturisten befaßt. Die »Vorrichtung zur Verhütung des Schnarchens« sollte nicht mehr und nicht weniger leisten, als das nächtliche Herabklappen der Kinnlade zu verhindern. Zu diesem Zweck wurde ein kleines Luftkissen aufgeblasen, zwischen Kinn und Hals geschoben und in dieser Stellung festgebunden. Einfacher geht es nun wirklich nicht – oder?

Vorrichtung zum Verhüten des Schnarchens 1889

Man muß
den Schirm
nicht tragen...
1890

Bettdecken und Kissen mögen manchen Schläfer beschwert und behindert haben. Hätte man sonst 1893 einen Deckbetthalter patentieren lassen, der diesem Übel abhelfen sollte? Er bestand aus einem Drahtgestell, das – in der Höhe verstellbar – an das Fußende des Bettes geschraubt wurde. Es hob die Bettdecke vom Körper ab, ermöglichte »freie Atmung und ungehinderte Bewegung während des Schlafes« und sicherte überdies »Luftwechsel im Inneren des Bettes«.

Für Zufuhr frischer Luft beim Schlafen sollte eine Einrichtung sorgen, die durch ein Uhrwerk oder ein Gewicht getrieben wurde. Ein Pendel schwenkte Tuchstreifen über den Schläfern hin und her und verhalf ihnen so zu »angenehm kühlen Nächten«.

Daß Spazierstöcke existierten, die nebenbei als Schirme, Behelfsstühle und sogar als Feldbett verwendet werden konnten, ist allgemein bekannt. Auch der hohle Stock, dessen Inneres ein hochprozentiges Getränk birgt, ist nicht neu, ebensowenig der mit Pulver oder Druckluft schießende Spazierstock. Im Deutschland der Jahrhundertwende hatte man sich eine Besonderheit ausgedacht:

Spazierstock gegen Bösewicht, Hutschirm gegen Sonnenstich

»Der ›Lebensretter‹ ist ein eleganter Spazierstock mit leicht herausziehbarem Gummiknüttel (wie solche bei der Criminalpolizei allseitig in Gebrauch sind), unentbehrlich für Touristen und bester Begleiter für einzelne Spaziergänger.«

Daß man Schirme mit der Hand tragen muß, ist manchmal lästig. Warum also Sonnen- oder Regenschirm nicht am Hut befestigen? An vorgeschlagenen und produzierten Modellen herrschte kein Mangel. Die einen wurden zusammengefaltet und in der Tasche mitgeführt, um bei Bedarf an den Hut gesteckt werden zu können; andere waren, wie wir heute sagen würden, in den Hut integriert, bildeten gewissermaßen seine Außenhaut und konnten durch

Frischluftzufuhr — mechanisiert 1880

Jedem seinen Aufzug! 1889

Knopfdruck aufgespannt werden. Um zu verhindern, daß ein Windstoß Schirm samt Kopfbedeckung entführte, waren die meisten Hutschirme oder Schirmhüte mit einem zusätzlichen Kinnriemen ausgestattet.

Treppengeländer müssen früher stabiler als heute gewesen sein — sonst hätte man sicherlich keine Personenaufzüge angeboten, die »an jedem Treppengeländer« montiert werden konnten. Parallel zum Geländer wurden Schienen angebracht. Auf ihnen lief, von einem Elektromotor über Seil und Führungsrollen bewegt, der Aufzug. Der Hinweis des Produzenten, »bei Versagen des Mechanismus ist jederzeit ein Überwechseln auf die Treppe möglich«, läßt vermuten, daß es mit der Konstruktion doch wohl des öfteren Schwierigkeiten gab.

»Elektrisch« ging es bei den Juwelen zu, mit denen im vergangenen Jahrhundert ein französischer Erfinder Ruhm einzuheimsen hoffte. Die »Juwelen« waren hohl und bestanden aus schlichten Linsen und Prismenstückchen, die von einer kleinen Glühlampe im Hohlraum angestrahlt wurden. Gespeist wurden sie von einer Batterie, die bei 300 g Masse Strom für eine halbe Stunde lieferte. Wo diese Batterie untergebracht war, läßt sich beim Betrachten der Abbildung allenfalls vermuten.

Lift am Treppengeländer

Glas + Strom = Juwelen?
1887

Aus Erfahrung oder aus der Literatur wissen wir vom »Funken«, der häufig in der Liebe überspringt. Wer – um 1800 – glücklicher Besitzer einer Reibungselektrisiermaschine war, konnte nachhelfen. Ein Partner stellte sich auf einen Isolierschemel, der andere stand auf dem Boden und war so »geerdet«. Setzte man die Reibungselektrisiermaschine in Tätigkeit und berührte die isolierte Partnerin den Konduktor, sprang zwischen ihr und dem Liebhaber ein Funke über, vermutlich zwischen den Nasen, die sich als »Elektroden« am nächsten standen. Ein »regierendes Haupt« variierte den Versuch und erfreute sich an einer Reihe von Grenadieren, die sich an den Händen halten mußten und jedesmal die kuriosesten Bewegungen vollführten, wenn Hoheit sie mit den Polen einer Batterie Leidener Flaschen verband.

5

Scheintote konnten klingeln
und brauchten kein Ersticken zu "befürchten",
Rettungshelm — "praktisch" und "modisch"

Kollision ausgeschlossen!
Nur eine Karikatur?
Rettung durch Eigenantrieb
Leonardo da Vincis "Abseilhilfe"
Keine Ritterrüstung, sondern ein Rettungsgerät
Rettungsgeräte wurden gern getarnt

Rette, wer sich, kann

Wie zu allen Zeiten müssen auch heute noch Großbrände bekämpft werden, sinken auch heute Schiffe, entgleisen oder kollidieren Züge. Verletzte, oftmals Tote sind zu beklagen.

Gewiß, Feuersbrünste, die ganze Stadtgebiete vernichten, treten nicht mehr auf. Schiffskatastrophen wie der Untergang der »Titanic« (1912) haben sich, was die Anzahl der Opfer anbelangt, nicht wiederholt. Eisenbahnunfälle wie jener aus der Anfangszeit des Schienenverkehrs (1856, Pennsylvania) mit 62 Verbrannten und 100 Verletzten bilden die große Ausnahme. Aber es »passiert« noch immer zuviel.

Eine Fülle von technischen und organisatorischen, national oder international vereinbarten Maßnahmen zur Erhöhung der menschlichen Sicherheit wurde durchgesetzt, oft im Kampf gegen jene, die solche Maßnahmen für »überflüssig« (weil zu teuer) hielten. Sicherheitsmittel, -einrichtungen und -vorkehrungen erfassen alle Bereiche unseres Lebens.

Das weiß jeder. Viele bewahren trotzdem überkommene Ängste und Vorurteile, stehen z. B. einer Flug- oder Schiffsreise mißtrauisch gegenüber. »Was hilft mir«, so etwa meinen sie, »daß von einer Million oder von fünf Millionen Passagieren eines Verkehrsmittels nur einer verunglückt? Ausgerechnet ich könnte ja der ›eine‹ sein, den es trifft.«

Diese Befürchtung klingt zwar recht pessimistisch, ist aber zu verstehen. Nicht minder verständlich ist daher auch, daß die Rettung von Menschen aus Gefahr zu allen Zeiten Gegenstand des Erfindens war, wobei die Rettung vor Feuer, Wasser und Verkehrsunfällen im Vordergrund stand.

Einige merkwürdige Lösungsvorschläge aus diesen Bereichen wollen wir vorstellen — aber auch solche gegen Gefahren, die uns dank den Fortschritten der Wissenschaft heute als gegenstandslos erscheinen.

Bevor die Feuerwehr eintrifft

Brände in mittelalterlichen Städten hatten meistens verheerende Folgen. Die mit ausgetrocknetem Holz durchsetzten und vollgestopften Gebäude brannten wie Zunder, der Ausweg über die schmalen Treppen war oft durch Flammen und Rauch versperrt. In engen, verwinkelten Gassen zusammengedrängte Häuser machten es fast unmöglich, einen Brandherd einzugrenzen. Wie sich in einem solchen Fall retten?

Flucht durchs Fenster lag nahe. Manch einer verbrannte, weil er den rettenden Sprung aus größerer Höhe nicht wagte. Brachte er den Mut auf, riskierte er Verletzungen beim Aufschlagen.

Rettungsgeräte wurden gern getarnt 1873

Vorschläge, den Aufprall zu dämpfen, indem man sich an einem (stets bereitliegenden?) Strohballen festklammerte, waren nicht ernst zu nehmen. Das hat allerdings nach der Erfindung des Luftreifens nicht verhindern können, diesen in abgewandelter Form als Sprunghilfe vorzuschlagen, z. B. in Gestalt eines unter die Füße zu schnallenden Luftkissens, das durch Bleiklötze beschwert werden sollte, damit man »senkrecht« unten ankam. Auch das war keine Lösung. Der abgesprungene Pilot, der bei versagendem Fallschirm mit nahezu 300 km/h in einer Heudieme landete und unverletzt überlebte, ist kein Gegenbeweis.

Nicht einmal das Herablassen an einem Seil — sofern überhaupt eines griffbereit lag – war ohne Probleme. Wer, mehr oder weniger von Panik ergriffen (und wer wäre das nicht?), zu schnell rutschte, verbrannte sich Handflächen und Waden durch die Reibungswärme. Trotzdem erschien ein Seil als einfachstes Rettungsmittel. Viele Lösungsversuche gingen daher davon aus, das Hinabrutschen zwangsläufig zu verlangsamen.

Einer der ersten Vorschläge für einen Abseilapparat, der nicht ausschließlich für Rettungszwecke gedacht war, stammt von Leonardo da Vinci.

Um die nötige Reibung für ein langsames und ungefährliches Sinken herbeizuführen, durchläuft das Seil eine schraubenförmige Rinne. Sie ist in den Umfang einer Trommel eingearbeitet, deren Hülle zugleich als Abseilgriff dient. Durch das Gewicht des sich Rettenden wird das Seil an die Rinnenwand gedrückt. Die erhebliche Reibung bremst die Sinkgeschwindigkeit, während die Reibungswärme größtenteils vom Trommelkörper aufgenommen wird.

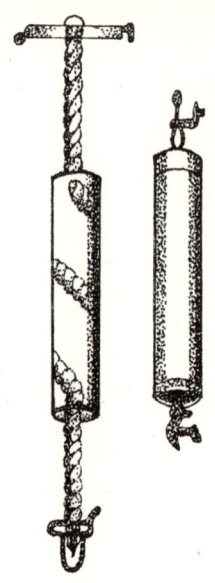

Leonardo da Vincis »Abseilhilfe« um 1500

Diese verhältnismäßig einfache Einrichtung erwies sich als brauchbar. Sie wurde allerdings seltener für Rettung aus Feuersgefahr als für andere Zwecke eingesetzt. Bergleute z. B. fuhren mancherorts mit ihrer Hilfe ein. In der Seilführung von Alpinisten ist beim Abseilen übrigens unschwer das gleiche Prinzip zu erkennen.

Rollen, Flaschenzüge und Winden waren als Bestandteile von Rettungsgeräten beliebt, wenngleich diese oft nur auf dem Papier existierten und selten ausgeführt wurden. Ihre Problematik bestand bereits darin, sie im Notfall rasch aufzustellen und betriebsfähig zu machen. Aber selbst bei stationärer Montage waren Bedienung und Benutzung häufig alles andere als einfach.

Das galt um so mehr für »Reise-Rettungsgeräte« in Gestalt eines Koffers, einer Tasche oder eines Rucksacks. Sie enthielten Rolle, Seil, Haken, mitunter sogar Werkzeug. Brach Feuer aus, brauchte der Besitzer der Tasche »nur« Haken und Seil zu entnehmen, den Haken zu befestigen, sich in die Tasche zu kauern und abzuseilen.

Reise-Rettungsgeräte

Lediglich die Erfinder wunderten sich, daß von diesen »praktischen Apparaten« nur einige wenige verkauft wurden ...

Nicht viel besser erging es Rettungsgeräten, die als Möbelstück getarnt wurden. Technisch waren sie manchmal gut durchdacht, wie das nachstehende Beispiel aus dem letzten Drittel des vergangenen Jahrhunderts zeigt.

Der ganze Mechanismus ist in einer fahrbaren Truhe untergebracht. Bricht Feuer aus, wird die Truhe ans Fenster oder auf den Balkon gerollt, ein Kranarm ausgeklappt und auf der Fenster- oder Balkonbrüstung abgestützt. Man setzt sich in eine Seilschlinge, hält sich mit einer Hand am Seil fest und ergreift mit der anderen ein

Rettungshelm – »praktisch« und »modisch« 1878

Hilfstau. Nur wenn an diesem gezogen wird, gibt eine Bremse die Bewegung einer Seiltrommel frei. Die Gefahr zu schnellen Absinkens wird erheblich vermindert.

Ist der erste Benutzer am Boden angelangt, kann sich oben eine weitere Person einem zweiten Seil anvertrauen, der Vorgang wiederholt sich, wobei das erste Seil für die übernächste Abfahrt wieder nach oben gezogen wird usw. Auf diese Weise können sich mehrere Bewohner retten.

Daß Wasser keine Balken hat, ist eine Binsenweisheit. Man muß dem, der hineingefallen ist, eine andere Möglichkeit geben, sich »über Wasser zu halten«. An Vorschlägen hierfür hat es nie gefehlt, vor allem nicht an solchen für die Rettung Schiffbrüchiger.

Wie hierbei das Nützliche sogar mit dem Modischen verknüpft werden kann, belegt ein »Rettungshelm« (1878), der »in leichterer Ausführung von Damen als Badehaube getragen werden kann«. Unser Bild zeigt allerdings die »schwere« Ausführung für »Herren«.

Wie man sich über Wasser hält

Über Kopf und Schultern wird eine Gummihaube gezogen. Sie schließt an den Rändern mit dem Oberkörper luftdicht ab. Glasfenster ermöglichen den Ausblick, ein Ventil das Atmen. Um die Verständigung mit Leidensgefährten zu ermöglichen bzw. um Hilfe herbeizurufen, kann das Mundstück eines kleinen Sprachrohres geöffnet werden. Als weiteren Verwendungszweck empfiehlt der Erfinder, den Rettungshelm bei Regen, Schnee, hoher See und sogar auch bei Arbeiten an Deck zu tragen. Wie angenehm dies unter der Gummihaut wäre, bleibt eine offene Frage.

Komfortabler für Schiffbrüchige ist ein Mittelding zwischen Boje und Ritterrüstung — eine Rüstung, die aus wasserdichtem Segeltuch, durch Metallringe versteift, angefertigt wurde. Sie schwimmt senkrecht stehend; wird ihr Träger bis in flaches Wasser getrieben, kann er seine Rettung zu Fuß beenden.

In der Rüstung läßt sich ein kleiner Trinkwasser- und Lebensmittelvorrat unterbringen. In begrenztem Umfang kann der Schiffbrüchige die Arme bewegen. Bei rauher See schließt er das Kopfverdeck und atmet durch eine Röhre.

Keine Ritterrüstung, sondern ein Rettungsgerät
1877

Rettung durch Eigenantrieb
1895

Recht wohl scheint sich, wenn wir dem Bild trauen dürfen, der Schiffbrüchige auf der Kombination Rettungsboje – Wasserfahrrad zu fühlen. Nachdem er sein Gefährt glücklich über Bord gebracht und bestiegen hat (beides dürfte so einfach nicht sein), sitzt er auf einem Luftkissen, das wiederum in einer Blechmulde ruht. Mit Handkurbeln bewegt er eine Schiffsschraube für Vorwärtsfahrt, mit den Füßen einen Propeller als Hub- und Stabilisierungshilfe. Er kann ein Segel aufziehen und überdies eine Notlampe anzünden. Nur weiß man nicht recht, ob und wie sich ein vorzeitiges Ende der Rettungsfahrt durch Kentern vermeiden läßt.

Neue Verkehrsmittel erfreuten sich am Anfang durchaus nicht ungeteilter Begeisterung. Vorurteile, Hemmungen oder Mißtrauen gegenüber Neuem erschwerten ihre Einführung. Nicht selten wurde dieses Mißtrauen bewußt durch Schauergeschichten geschürt, in Umlauf gesetzt von denen, die um ihre Einnahmen aus dem »Alten« fürchteten. Die schweren Dampfmaschinen, die schon bei leichtem Seegang durch die Schiffsböden brechen würden, Krankheiten von Mensch und Vieh, angeblich verursacht durch die rasende Geschwindigkeit des Dampfrosses (man bedenke – 30 km/h und mehr!!!), gehören dazu. Allerdings waren, wie zuzugeben ist, in den Anfangszeiten – bedingt durch fehlende technische Kenntnisse und mangelnde Erfahrung – Havarien und Unfälle nicht selten.

Schon damals wurde daher vielerlei ausgedacht und vorgeschlagen, um Unfälle zu vermeiden oder wenigstens ihre Auswirkungen auf die Passagiere zu vermindern. Die meisten Vorschläge betrafen, wie konnte es anders sein, die Eisenbahn.

Darunter waren »Lösungen« wie diejenige, über die sich Karikaturisten in der ersten Hälfte des 19. Jahrhunderts lustig machten. Die Reisenden, Frauchens vierbeiniger Liebling eingeschlossen, erscheinen auf dem Bahnhof mit einer dicken Hülle aus Schutzkissen, mit denen sie sich dann in die Waggons zwängen. Man stelle sich das einmal heute während der Stunden des stärksten Berufsverkehrs vor!

Der Vorschlag wurde damals viel belacht – vielleicht doch vorschnell, wie wir rückschauend feststellen können. Der Grundgedanke, die bei einer Kollision auftretenden sehr hohen Kräfte zu dämpfen und zu verringern, ist richtig und wurde inzwischen in mannigfacher Weise verwirklicht. Dazu zählen z. B. das Anschnallen bei Start und Landung der Flugzeuge, die Gurte in Kraftwagen, sich blitzschnell aufblasende elastische Luft- oder Gasbeutel, »Knautschzonen«, federnde Stoßstangen usw.

Zugkollisionen waren in den ersten Jahrzehnten des Eisenbahnverkehrs besonders gefürchtet. Wegen der durchweg eingleisigen

Die lebensgefährliche Eisenbahn

Nur eine Karikatur?
1. Hälfte 19. Jh.

Strecken und des erst in Anfängen existierenden Signal- und Sicherungswesens traten sie verhältnismäßig häufiger als heute auf.

Zahlreiche Erfinder, unter ihnen vor allem besorgte Reisende, rückten diesem Problem zu Leibe. Ihre Überlegung: Aufeinander zufahrende Züge müßten sich auch auf eingleisiger Strecke irgendwie sozusagen von selbst ausweichen. Das war allerdings leichter gesagt als getan. Da an ein Ausweichen zur Seite wegen des Schienenstranges nicht zu denken war, blieb nur der Weg nach »oben« bzw. »unten«.

Zwei »Richtungen« waren vertreten: Die eine wollte den entgegenkommenden Zug harmlos abbremsen, die andere die Kollision überhaupt gegenstandslos machen, indem man die Züge einfach übereinander hinwegfahren ließ.

Betrachten wir die erste Richtung. Der Lokomotive des einen Zuges wurde eine ansteigende Rampe vorgebaut oder ein spezieller Rampenwagen vorgekuppelt. Die Rampe war mit Schienen belegt. Der Kollisionspartner sollte auf sie auffahren und durch die Steigung, außerdem durch Sandsäcke sowie schließlich durch einen Prellbock zum Stillstand gebracht werden (wobei er freilich mit dem »unteren« Zug zurückfuhr).

Wie lang aber hätte die Rampe sein müssen, um einen aus mehreren Wagen bestehenden Zug auffangen zu können? Wie sollte man die Konstruktion auslegen, damit sie auch in Kurven funktionierte?

Die zweite »Richtung« ging einen erheblichen Schritt weiter.
Rampen sollten nunmehr am Anfang und am Ende des Zuges vorgesehen werden, ein zusätzlicher Schienenstrang über die Rampen und sämtliche Wagendächer führen.
Bei einer Begegnung hätte einfach einer der beiden Züge den anderen überrollt.

Die Reisenden des unteren Zuges würden es rumpeln hören und vielleicht ein wenig mehr als gewöhnlich geschüttelt, und schon wäre die Begegnung vorüber gewesen; beide Züge könnten ihre Fahrt ungehindert fortsetzen.

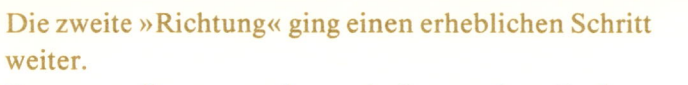

Doch man wollte sogar noch weitergehen: Auf zahlreichen Strecken würde man sich mit einem eingleisigen Schienenstrang begnügen können, auf dem sich Züge mit Hilfe der Rampen begegneten oder überholten. Man brauchte keine Ausweichstellen mehr, würde Schienenmaterial sparen, eine dichtere Zugfolge einhalten können, mit einem schmaleren Bahnkörper auskommen und was der Vorteile sonst noch wären.

Alle diese Vorstellungen und Spintisiererereien blieben nur papierne Träume. Überhaupt wurden sie niemals recht ernst genommen und einmal sogar nur dazu benutzt, Leichtgläubigen Geld aus der Tasche zu ziehen. Realisierbar waren sie aus handfesten technischen Gründen nicht. Wie hätte man beim Zusammenkoppeln von Waggons auf einfache, aber sichere Weise die Dachgleise verbinden sollen? Wie hätte man Kurven durchfahren können? Wie stabil hätten die Wagen sein müssen, um die Masse eines über die Dächer fahrenden Zuges auszuhalten? Wie sollte man mit dem »Geschwindigkeitssprung« beim Auf- und Abfahren an den Rampen fertig werden? Auch durfte ja von zwei einander begegnenden Zügen stets nur einer mit Rampen ausgestattet sein, wenn das System funktionieren sollte. Solche und viele andere Fragen hatten die kühnen Erfinder übersehen.

Kuhfänger und Passagierretter

Aus Wildwestfilmen kennen wir jene Lokomotivenungetüme, die unter Ausstoß gewaltiger Qualmwolken nordamerikanische Transkontinentalstrecken befuhren. An ihrer Stirnseite fletschte das Gitter des zur Schienenoberkante hinabreichenden »Kuhfängers« seine Zähne. Es konnte bei Kollision in voller Fahrt aber wohl keinen Büffel vor dem Unfalltod bewahren.

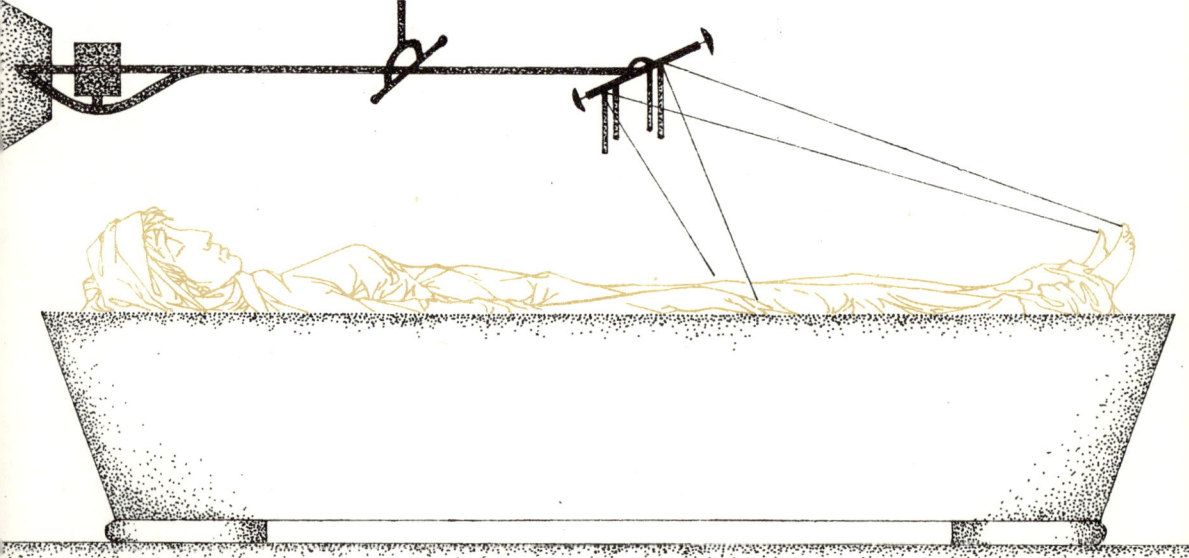

Als besonders bedroht durch die ersten Straßenbahnen sah man mancherorts offenbar Fußgänger an. Wie sonst wären zahlreiche Vorschläge und Versuche zu erklären, Straßenbahnwagen mit Rettungseinrichtungen für Passanten auszurüsten? Die Ausführungen reichten von gabelähnlichen Gebilden, die sich unter den Fußgänger schieben sollten, über mehr oder weniger elastische Netze bis zu dick gepolsterten Auffangvorrichtungen an der Frontseite der Triebfahrzeuge. Über das Erprobungsstadium kamen die Rettungseinrichtungen nicht hinaus. Klugerweise verwendete man nur Puppen für die Versuche — wer diese umherwirbeln und aufschlagen sah, verließ sich lieber auf die eigene Aufmerksamkeit als auf so fragwürdige Hilfsmittel.

Auch um Stromunfälle bei elektrischen Straßenbahnen machte man sich Sorgen. Vielen galten Oberleitungen als besondere Gefahrenquelle, weil sie auf Passanten oder brennbare Gegenstände fallen könnten. Mit der Stromzuführung über die Schienen war man jedoch nicht besser dran, solange zwischen den beiden Einzelschienen (wie bei Spielzeugeisenbahnen) die Betriebsspannung lag. Es gab Nebenschlüsse durch Regenwetter, Kurzschlüsse durch auf die Schienen gefallene Metallteile und Unfälle durch Pferde, die zufällig auf beide Schienen traten, einen elektrischen Schlag erhielten und durchgingen. Der Vorschlag, den Hufen isolierende Gummigaloschen überzustreifen, rief nur Kopfschütteln hervor.

So verlegte man den zweiten Stromleiter in ein oben geschlitztes unterirdisches Rohr zwischen den Schienen; die Stromabnahme geschah über Rollen oder Schleifer durch den Schlitz. Einige Städte (z. B. Budapest) führten das System ein, wurden aber auf die Dauer

Scheintote konnten klingeln...
1834

und brauchten kein Ersticken zu »befürchten«
1880

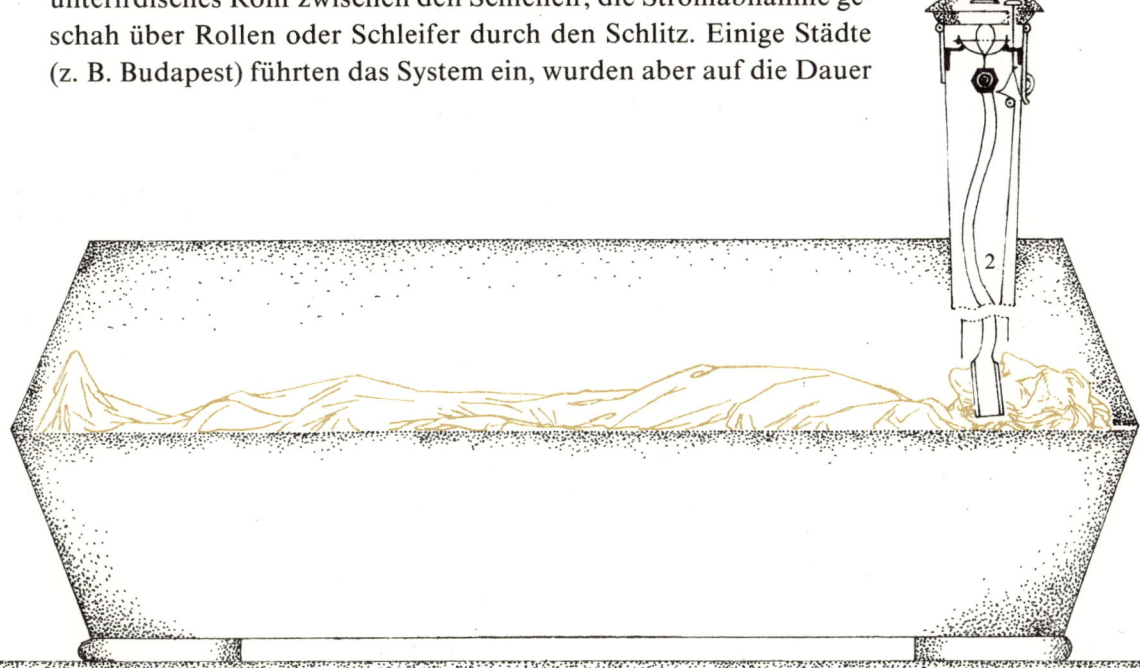

mit eindringendem Schmutz und Wasser nicht fertig. Der recht modern anmutende Versuch, die Stromleitung in kurze Stücke zu unterteilen, von denen jeweils nur das gerade befahrene unter Strom stand und das folgende selbsttätig vom Wagen aus eingeschaltet werden sollte, bewährte sich unter den rauhen Einsatzbedingungen nicht. So kehrte man allgemein zur Oberleitung zurück. Allerdings hat sich eine »Stromschiene«, seitlich geführt, bis heute bei Nahverkehrsbahnen mit eigenem Gleiskörper — also vor allem U- und S-Bahnen — erhalten.

Bereits Lexika aus der ersten Hälfte des 19. Jahrhunderts warnen vor Schauergeschichten über Scheintote, die aus Versehen eingesargt oder gar begraben wurden, später aber auferstanden und zum Schrecken oder zur Freude der Angehörigen vom Friedhof getaumelt waren. Nicht alle derartigen Geschichten sind frei erfunden. Zweifelsohne kam es vor, daß scheinbar Ertrunkene oder in tiefster Bewußtlosigkeit liegende Personen vorschnell für tot galten; aber das dürften sehr seltene Ausnahmen gewesen sein.

Lebendig begraben!

Technische Hilfsmittel, in mehreren Ländern angeboten, sollten diese Ausnahmen unmöglich machen. Man ging dabei beispielsweise von der Annahme aus, daß ein erwachender Scheintoter unwillkürliche, wenn auch sehr geringfügige Bewegungen ausführt. Sie sollten eine Alarmvorrichtung betätigen.

Füße, Hände, Kopf des Toten (oder des vermeintlich Toten) wurden über Fäden oder dünne Drähte so mit einem Hebelsystem verbunden, daß dieses bereits bei der geringsten Erschütterung eine elektrische Klingel auslöste. Um ganz sicher zu gehen, waren Dutzende solcher Verbindungen vorgesehen — eine nicht gerade einfache Methode.

Noch schwieriger wurde es, wenn der Scheintote bereits im Sarg lag. Um dem Ersticken vorzubeugen, führte ein Rohr (1) an die Außenluft. An seine Stelle konnte auch ein dem Unterkiefer aufgesetzter Schlauch (2) treten. Auch diesmal war ein durch Fäden zu betätigendes Alarmsystem vorgesehen. Bewegte sich der Scheintote, löste ein Hämmerchen eine Glocke aus.

Andere schlugen vor, Tote durch eine Art umgedrehten Periskops mit angebautem Glühlämpchen von außen zu beobachten, empfindliche Mikrofone im Sarg zu installieren usw. Verbürgte Berichte darüber, ob mit so geballter Technik jemals ein Scheintoter ins Leben zurückkehrte, gibt es leider nicht ...

6

Gehen wir an die Plattenbar?

Der Füllfederhalter wird „modern"
Der Urahn des Synthesizers
Nicht neu: der Füllfederhalter
Uhr mit springenden Zeigern
Als Kohlepapier noch nicht existierte
Zeitansage aus der Taschenuhr

Schreiben & Lesen, Hören & Sehen

Alltägliche Verrichtungen, wie lesen, schreiben, sehen, hören, regten und regen immer wieder dazu an, dafür nötige Hilfsmittel zu verbessern oder völlig neu zu schaffen.

Seit vielen Generationen beispielsweise haben wir uns an Uhrzeiger und Zifferblatt gewöhnt. Der Gedanke, die Zeit auf andere Weise anzuzeigen, blitzte sicherlich hin und wieder auf, ließ sich aber nicht einfach verwirklichen.

Entwicklungen, ursprünglich für ganz andere Aufgaben vorgesehen, wurden, entsprechend modifiziert, in den Alltagsbereich übernommen und waren jedermann bald unentbehrlich. Ein gutes Beispiel hierfür liefert die Elektronik, auf deren Teilgebiet »Heimelektronik« heute niemand verzichten möchte.

Erfüllte Wünsche oder Bedürfnisse lösen weitergehende aus. So sollten eine Zeitlang die Fernsehbildschirme »immer größer« werden, wenig später farbig aufleuchten, und schon rufen manche nach einem dreidimensionalen Fernsehbild.

Oftmals ist ein Bedürfnis zunächst nicht zu befriedigen. Hier hat, wie unter anderem Schreibmaschine und mannigfache Schreibgeräte erwiesen, der Techniker ein reiches Betätigungsfeld, auf dem er mühsam Schritt um Schritt vorankam. Daß dabei wie in allen anderen Bereichen der Technik auch Merkwürdiges entstand und noch entsteht, versteht sich von selbst. Wir brauchen nicht lange danach zu suchen.

Nicht neu: digitale Zeitanzeige und sprechende Uhr

Viele schwören heute auf Digitaluhren, Zeitmesser, deren Resultate nicht durch Zifferblatt und Zeiger, »analog«, sondern in Gestalt wechselnder Ziffern in einem Anzeigefeld angegeben werden. Beide Anzeigearten haben ihre Anhänger.

Trotzdem haben geschäftstüchtige Produzenten, um solchem Streit ein für allemal aus dem Wege zu gehen, Taschen- und Armbanduhren für digitale *und* analoge Anzeige auf den Markt gebracht. Im Zifferblatt ist ein Fensterchen für digitale Zeitangabe ausgespart. Dies ist zwar ein Beleg für die Leistungsfähigkeit der mikroelektronischen Schaltkreise, die beide Systeme steuern; wer sich aber mit zusammengekniffenen Augen am Ent»ziffern« versucht, wird die (man beachte den Namen!) »quarzgesteuerte Analog-Digital-Herren-Armbanduhr« doch wohl in die Kuriositätenkiste einordnen.

Die Idee einer solchen Uhr ist durchaus nicht neu. Ein Vorläufer, die Taschenuhr mit »springenden Zeigern«, stammt aus dem 19. Jahrhundert und wurde nicht durch ausgefeilte Elektronik, sondern durch ein schlichtes Federwerk angetrieben.

Stunden- und Minutenzeiger entfallen. Die Stunden »springen« und erscheinen in einem Fenster, hinter dem sich schrittweise das Stundenrad bewegt. Die Minuten werden ebenfalls in einem Fensterchen abgelesen. Die Spitze des Sekundenzeigers kreist über dem Zifferblatt.

Die Erfindung des Phonographen (1878) und wenig später der Schallplatte (1887) rief auch Uhrenkonstrukteure auf den Plan. Kuckucksuhren gab es damals ebenso wie Repetieruhren und -taschenuhren, die abgelaufene Stunden oder Viertelstunden erst bei Knopfdruck schlugen.

Nach 1890 — also nur drei Jahre nach Erfindung der Schallplatte — konnte man Repetieruhren erwerben, bei denen die Schläge durch »Zeitansagen« ersetzt wurden.

In eine Schallplatte waren einzelne und in sich geschlossene Tonspuren geschnitten, eine für jede Zeitansage. Eine Halbstundenuhr benötigte demnach 24, eine Viertelstundenuhr 48 Tonspuren. Das Uhrwerk bewegte eine Abtastspitze mit solchem Vorschub quer zu den Tonspuren, daß sie sich stets über der zur jeweiligen Zeit gehörenden Spur befand. Auf Knopfdruck setzte sich die Schallplatte in

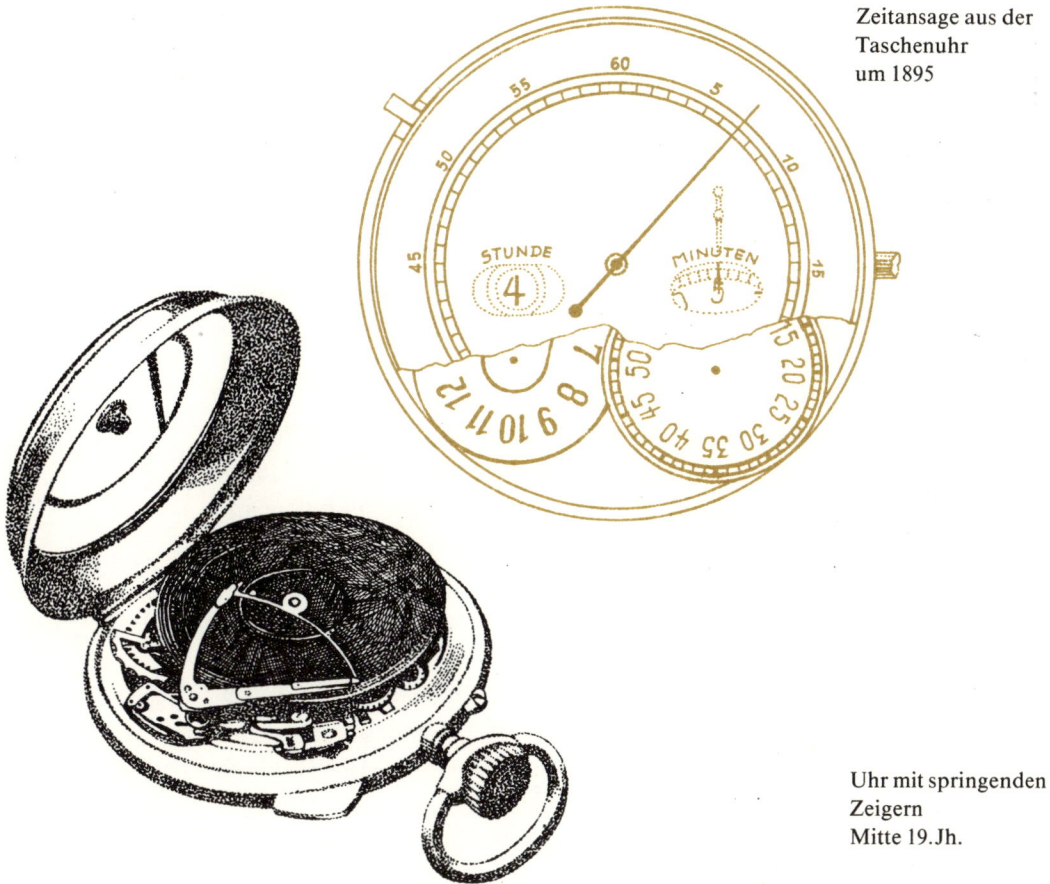

Zeitansage aus der Taschenuhr um 1895

Uhr mit springenden Zeigern Mitte 19. Jh.

Bewegung, der Abtaster senkte sich in die zugehörige Rille, die Ansage erfolgte.

Daß solche Uhren bereits auf Taschenuhrformat verkleinert wurden, war damals eine großartige technische Leistung. Die Lautstärke der Ansage war allerdings so gering, daß man die Uhr an das Ohr halten mußte. Dies und die rasche Abnutzung der Schallplatte waren Ursachen, daß sprechende Uhren wenige Anhänger fanden, auch nicht in der gleichfalls angebotenen Ausführung als Wecker.

Allerdings geriet die zeitansagende Schallplatte nicht für immer in Vergessenheit. Vor der Einführung der Licht- und Magnettontechnik leistete sie gute Dienste für telefonische Zeitansagen.

In jüngster Zeit lehrte man elektronische Uhren sprechen. Aber weder flüsternde Armbanduhren noch Wecker, die den Schläfer mehrmals nacheinander und immer drängender zum Aufstehen ermunterten, wurden Verkaufsschlager.

Übrigens existieren noch »bedeutsamere« Erfindungen in dieser Richtung, etwa Backröhren, die der Hausfrau das drohende Anbrennen des Bratens in wohlgesetzten Worten ankündigen, und Kühlschränke, die mahnend an die schlanke Linie erinnern, wenn der Hausherr spät abends die Kühlschranktür öffnet...

Nicht neu: der Füllfederhalter 1828

Obwohl schon um 1800 Stahlschreibfedern in Gebrauch waren, hielten sich Rohrfeder und Gänsekiel bis weit in die erste Hälfte des 19. Jahrhunderts.

Füllhalter und Kugelschreiber

Nicht alle nahmen in Kauf, daß zum Schreiben ein Tintenfläschchen in Reichweite stehen mußte. Der Gedanke der »Füllfeder« beschäftigte Schreibbeflissene schon gegen Ende des 18. Jahrhunderts. Der hohle Gänsekiel selbst bot sich als Tintenbehälter an. Doch gerieten die Erfinder samt ihren Erzeugnissen in Verruf, weil sie weder kontinuierlichen Tintennachfluß noch Auslaufsicherheit zu garantieren vermochten und der Tintenvorrat in einem Gänsekiel zu begrenzt blieb.

In der Folgezeit experimentierte man mit Röhren aus Glas, Horn und Metall, in denen der zugeschnittene Gänsekiel, später eine Stahlfeder, in geeigneter Weise befestigt war.

In einer »Ökonomisch-technologischen Encyklopädie« aus dem Jahre 1828 ist eine Ausführung abgebildet und beschrieben:

»Bei dieser Füllfeder nahm der hohle Stiel die Tinte auf und als Schreibfeder diente ein an diesen Stiel geleimter Federkiel, der nach Bedarf durch einen neuen ersetzt werden konnte. Durch eine kleine, während des Tragens in der Tasche wie überhaupt während des Nichtgebrauches durch einen Stift verschließbare Öffnung am unteren Ende floß immer gerade soviel Tinte in die Feder, als nötig war, um diese feucht zu erhalten.«

Zwei Jahrzehnte später tauchten in Patentschriften immer häufiger Füllfederhalter mit Elementen auf, die bis in unser Jahrhundert konstruktionsbestimmend wurden.

Wir finden eine Luftzuführung (Schaft 4—5, Luftloch 6) als Voraussetzung für den Tintenfluß und eine Kappe 7, die auf das Gehäuseende 8 oder als Verschluß über das Schreibende gesteckt wird. Der Schreibmechanismus besteht in der Abbildung aus einem abschraubbaren, konischen Teil mit hohler Metallspitze 1—2, in die eine Nadel 3 ragt. Tinte wird bei 5 eingefüllt.

Eben dieser Schreibmechanismus rief damals Kopfschütteln hervor, weil er keine Variation der Strichstärke (z. B. zwischen »Auf-« und »Abstrich«) gestattete. Da man aber gerade darauf als Merkmal des Schönschreibens großen Wert legte (man betrachte Briefe

aus jener Zeit), verlief die weitere Entwicklung vor allem in Richtung auf den Füll*feder*halter.

Der Gedanke der Schreibspitze kehrte trotzdem in Abständen bei »Spitzenschreibern«, Füllern mit Glas»feder«, »Tintenkulis« usw. bis in die jüngste Zeit wieder. Ein Grund hierfür ist, daß sich solche Schreibgeräte gut zum Durchschreiben mit Hilfe von Kohlepapier (in der ersten Hälfte des 19. Jh. erfunden) eignen.

Sicherlich aber hat die Schreibspitze zu einer Erfindung beigetragen, die zwar vor nahezu hundert Jahren gemacht wurde, aber erst um 1950 in die Praxis umgesetzt werden konnte. Es ist der über die ganze Welt verbreitete Kugelschreiber. Daß seine Verwirklichung so lange auf sich warten ließ, lag weniger an konstruktiven Schwierigkeiten, sondern vor allem an einem chemischen Problem: Es wollte lange nicht gelingen, eine Schreibpaste zu entwickeln, die in der Mine nicht austrocknete, die die in der Minenspitze sitzende Kugel während der Schreibbewegungen stetig einfärbte und die

Der Füllfederhalter wird »modern« nach 1850

schließlich fest auf Papier haftete und dort rasch trocknete. Auch zur Einführung des Kugelschreibers hat die Möglichkeit des »Durchschreibens« erheblich beigetragen.

Böse Zungen behaupten, es gäbe viel weniger Bürokratie, wenn Kohlepapier und andere Hilfsmittel zum mühelosen Anfertigen von Kopien nicht erfunden worden wären. Auch wenn wir auf Grund täglicher Erfahrungen den Lästerern manchmal zustimmen möchten, ändert das nichts an der Tatsache, daß sehr oft Duplikate, Kopien usw. benötigt werden.

Schon vor Jahrhunderten waren in jedem größeren Kontor Schreiber ausschließlich damit befaßt, den Schriftverkehr in Kopierbüchern zu fixieren. Die Tätigkeit dieser Kopisten war nichts weniger als interessant und barg viele Fehlermöglichkeiten. Außerdem mußte man den Schreibern Lohn zahlen. Gedanken, für sie einen technischen Ersatz zu finden, fielen daher auf fruchtbaren Boden.

Eine an Einfachheit kaum zu überbietende Lösung wurde im 17. Jahrhundert vorgeschlagen. Zwei Federhalter sind durch eine Querstange mit Griff verbunden. Der Schreibende umfaßt ihn und fertigt so zwei identische Schriftstücke an. Warum dieses »Ei des Kolumbus« keine Bedeutung erlangte, kann jedermann leicht nachprüfen: Man stecke einen Bleistift »quer« durch die geschlossene Faust, etwa zwischen Mittel- und Zeigefinger hindurch, und versuche, auf diese Weise zu schreiben oder zu zeichnen!

Sollten solche Hilfsmittel Aussicht auf Erfolg haben, mußten gewohnte Schreibbewegungen und normale Fingerhaltung beibehalten werden. So gingen denn spätere Doppel-, Dreifach-, ja Vier-

Als Kohlepapier noch nicht existierte... 17.Jh.

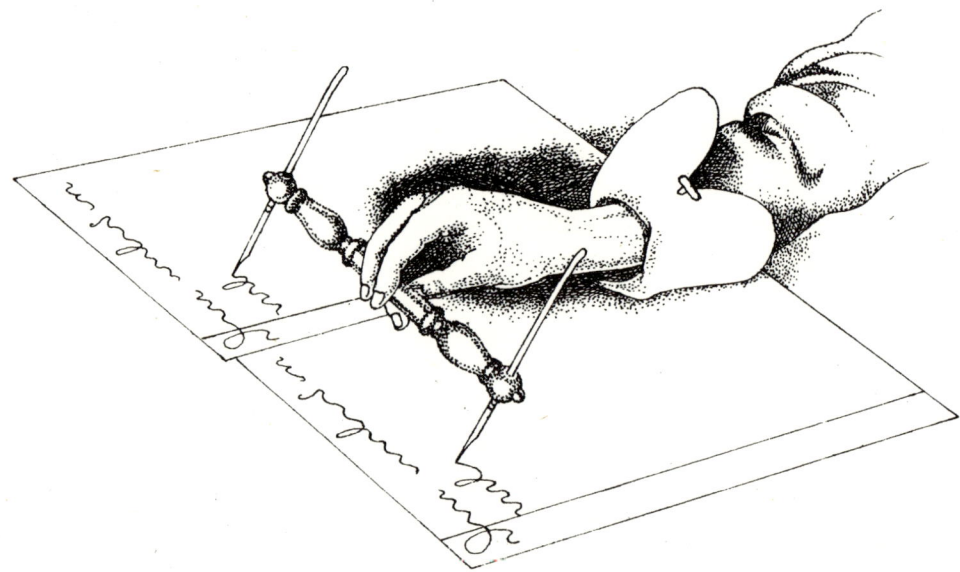

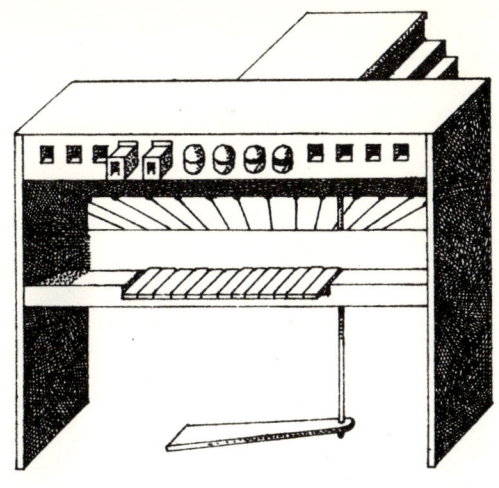

Der Urahn des Synthesizers um 1780

fachschreiber meistens vom »Storchschnabel« aus, den Christoph Scheiner (1575–1650) zur Verkleinerung, Vergrößerung oder Übertragung von Zeichnungen geschaffen hatte. Auch der Erfolg dieser Hilfsmittel blieb sehr bescheiden. Sie waren zu umständlich im Gebrauch.

An Computer oder utopische Filme denkt unwillkürlich, wer von künstlicher, synthetischer Sprache hört oder liest. In der Tat ist es erst in jüngster Zeit gelungen, Sprache künstlich zu erzeugen, wobei noch viele Wünsche hinsichtlich des Klanges und der Intonation offenbleiben.

Von der Sprechmaschine zu Sprachsynthese

Versuche, eine »Sprechmaschine« zu bauen, gehen viel weiter zurück, z. B. auf den »k.u.k. Rat« Wolfgang von Kempelen. Er stellte um 1780 eine Anordnung vor, bei der über 13 Tasten, Pfeifen und lippenähnliche Gebilde für verschiedene Töne und Zischgeräusche betätigt wurden. Blasebälge versorgten das System mit Luft. Durch Kombination der Tasten würde sich, glaubte von Kempelen, die menschliche Stimme nachahmen lassen. Das gelang allerdings nur sehr unvollkommen. Allenfalls Vokale und »kinderstimmenähnliche Laute« ließen sich, so berichten Zeitgenossen des Erfinders, hervorbringen. Das ändert aber nichts an dem richtigen Grundgedanken von Kempelens. Auch heute kombiniert man zur Sprachsynthese die Laute aus Teilen des Tonfrequenzspektrums, wenngleich die Schwingungen ausschließlich elektronisch erzeugt, geformt und zusammengesetzt werden.

Die Plattenbar, an der man über Kopfhörer probeweise Schallplatten abhören kann, ehe man sich zum Kauf entschließt, scheint ganz in den Bereich der modernen Elektronik zu gehören. Doch ähnliches gab es schon ohne Elektroakustik. Auf großen Ausstellungen ließ Th. A. Edison mehrere seiner Phonographen aufstel-

Gehen wir an die Plattenbar...
1889

len. Ihre Abtaststifte waren mit längeren Schläuchen zur Schallfortleitung verbunden, deren Enden sich die Besucher in die Ohren steckten. So konnten, unbeeinträchtigt vom Ausstellungslärm, stets mehrere Personen gleichzeitig die Darbietungen »genießen«.

Lesehilfen, die Blinden normale Druckschrift oder auch Schreibschrift zugänglich machen sollen, wären eine unschätzbare Hilfe und haben seit langem zu vielerlei Konstruktionen angeregt.

Noch ungelöst: Lesegerät für Blinde

Als »Ersatzinstrument« für das Auge kam nur das Ohr in Frage. Das optische Bild mußte daher in ein akustisch deutbares umgewandelt werden. Ein Wandler, der optische Eindrücke unmittelbar in Töne oder Klänge umsetzte, ließ sich nicht finden. Als nach 1870 die Eigenschaft des Halbleiters Selen entdeckt worden war, auf wechselnden Lichteinfall mit Änderungen der elektrischen Leitfähigkeit zu reagieren, eröffnete sich die Umwandlungskette optische Signale – elektrische Signale – akustische Signale. Sie bildet die Grundlage aller ernst zu nehmenden Versuche mit Blindenlesegeräten.

Um 1920 wurde das »Optophon« vorgestellt: Eine mit konstanter Geschwindigkeit rotierende Scheibe enthält mehrere konzentrische Lochreihen. Die Zahl der Löcher wechselt von Reihe zu Reihe. Licht einer Lampe fällt durch die Löcher und wird durch ein Linsensystem auf der zu »lesenden« Vorlage zu einem Fleck von etwa Buchstabengröße konzentriert. Von dort wird es teilweise zur Selenzelle reflektiert. Es beeinflußt die Leitfähigkeit des Selens im Rhythmus seiner Unterbrechungen und damit den Strom im Stromkreis, Kopfhörer und in der Selenzelle.

Bei genügend großer Löcherzahl und Rotationsgeschwindigkeit der Scheibe erzeugt jede Lochreihe im Kopfhörer einen Ton; insgesamt entsteht also ein Tongemisch. Da jedoch von bedruckten Stellen weniger Licht als von ungeschwärzten reflektiert wird, ergibt sich bei langsamem Vorbeiziehen einer Druckzeile unter dem Lichtfleck für jeden Buchstaben ein charakteristisches »Tonbild«, das der Blinde erlernen kann. Bei Vorführungen gelang es, 25 Wörter in der Minute zu »lesen«. Trotzdem erwies sich das Optophon für den praktischen Einsatz als zu kompliziert.

Bis heute existiert kein wirklich brauchbares Blindenlesegerät. Eine Wandlung erhofft man sich von elektronischen Verfahren der Zeichenerkennung, für die es dank der Mikroelektronik vielversprechende Anfänge gibt.

7

Rollschuhe zum „Treten"
Tandem mit Muskelkraft und Benzin
„Omnibus" von B. Holzschuher
Motorrad oder Kraftwagen?
Der Equibus hatte wenig Erfolg
Kreisel treibt Stadtbus
Selbstfahrer von Farffler
Projekt eines Doppelstockfahrzeugs
mit Pferdeantrieb
Selbstfahrer
Fontanas

»auto-mobil« auf mannigfache Weise

Eines der wichtigsten, weil lebensnotwendigsten Merkmale von Tier und Mensch ist es, sich aus eigenem Antrieb oder nach Wunsch fortbewegen zu können, »automobil« zu sein. Nicht ohne Grund zählen Laufen und Schwimmen zu den ältesten Sportarten. Doch alle seither aufgestellten Rekorde können nicht darüber hinwegtäuschen: Unsere Fortbewegungsmöglichkeiten bleiben, sofern wir uns nur auf die Beine (beim Schwimmen auch die Arme) verlassen, recht begrenzt, weit bescheidener als die vieler Tiere, die uns an Geschwindigkeit und Ausdauer haushoch überlegen sind.

Um diesen Mangel auszugleichen, wurde vielerlei versucht. Sämtliche Verkehrsmittel verdanken wir ja dem Bemühen, die Fortbewegungsmittel für Menschen und Güter zu verbessern.

Dies ist im Laufe der Zeit so gut gelungen, daß mitunter unsere natürlichen Fortbewegungsmittel Füße und Beine in Vergessenheit zu geraten scheinen. Wir wollen hier über diese Mißachtung nicht richten – Karikaturisten tun das weit wirkungsvoller, als wir es vermöchten. Mustern wir dafür einige abwegige Fortbewegungsmittel – solche, die laut- und schriftstark propagiert, mitunter patentiert, schließlich aber »negiert« wurden, weil sie weder praktikabel noch entwicklungsfähig waren.

Straßenhüpfer und Rollschuhe

Wir schlendern durch eine Fußgängerzone. Plötzlich überholt uns in meterweiten, hohen Sprüngen ein Passant. Er schwingt zwei stützende Stöcke, unter seine Füße sind konservenbüchsenähnliche Gebilde geschnallt, aus denen bei jedem Sprung mit leisem Puffen Qualmwölkchen entweichen. Eine skurrile Vorstellung? In den frühen zwanziger Jahren hätte uns eine solche Begegnung beinahe widerfahren können. Damals nämlich wurde eine »Vorrichtung zur Fortbewegung von Personen« patentiert, die so funktionieren sollte:

Jeder Schuh ist fest mit dem Zylinder eines miniaturisierten Gasmotors verbunden. Wird der durch eine Bodenplatte abgeschlossene Kolben beim Arbeitstakt nach unten gestoßen, schnellt der Träger zu einem Sprung empor, landet mit dem anderen Fuß, wird von dessen Motor wieder emporgestoßen usw.

Die Straßenhüpfer blieben eine Wunschvorstellung. Steuerung der Motoren und Brennstoffzuführung waren zu schwierig; den Fußgelenken wäre durch die Stöße zuviel zugemutet worden. Projekte, gewissermaßen einen umgedrehten Drucklufthammer zum Hüpfen zu benutzen, erwiesen sich ebenfalls als nicht ausführbar.

Ehe man sich Zündeinrichtung, Treibstofftank oder Druckluftflasche umhängte, griff man lieber auf die seit langem bekannten

Rollschuhe zum »Treten«

Rollschuhe zurück. Sie hatten – im Gegensatz zu den uns gewohnten – allerdings nur drei Räder, zwei größere Laufräder und ein kleineres Antriebsrad. Die Ferse war im Gegensatz zu vierrädrigen Rollschuhen frei beweglich. Sie hob und senkte sich wie bei normalem Laufen. Ein Hebelantrieb unter der Ferse setzte das Antriebsrad für die Vorwärtsbewegung in Gang.

Auch dieser Antrieb blieb ohne Bedeutung. Gleiches galt für Rollschuhe mit eingebauten Motoren (1905), unabhängig davon, ob sie durch flüssige Treibstoffe, Druckluft oder sogar Strom aus einem Akkumulator in Bewegung gesetzt werden sollten. Ein wesentlicher Grund hierfür ist sicherlich, daß die geradezu universellen Bewegungsmöglichkeiten unserer Füße durch Rollschuhe eingeschränkt werden. Stufen, Schwellen, sandige, steinige, aufgeweichte oder zerfahrene Wege bilden schwer passierbare Hindernisse. Niemand wäre bereit, seine Rollschuhe immer wieder ab- und anzuschnallen.

Fahrzeuge, in denen man, mehr oder weniger bequem sitzend, längere Distanzen durchmaß, die man aber jederzeit verlassen konnte, um kleine Strecken zu Fuß zurückzulegen, erlangten daher weit größere Bedeutung.

Zu den ersten »Automobilen« zählt ein Vorschlag von J. Fontana (nicht zu verwechseln mit dem späteren Architekten und Ingenieur gleichen Namens) aus der Zeit um 1420.

Muskelkraft treibt Automobile

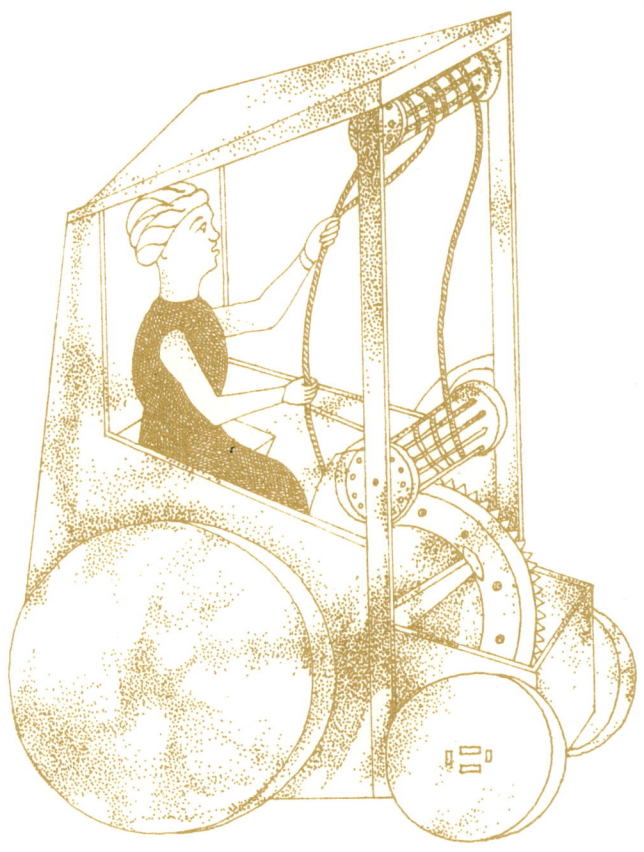

Selbstfahrer Fontanas um 1420

Auf der Welle der Laufräder sitzt ein Zahnrad, in das Längsspeichen einer Trommel eingreifen. Über diese und über eine zweite oben angebrachte wird in jeweils mehrere Windungen ein endloses Seil geführt. Der Passagier zieht am Seil und setzt so Trommeln, Zahnrad und Fahrzeug in Bewegung. Ausgeführt wurde Fontanas Wagen allerdings nicht.

Dagegen bewährte sich in der ersten Hälfte des 17. Jahrhunderts der »Selbstfahrer« des bei Nürnberg ansässigen Uhrmachers St.

Selbstfahrer von Farffler
1. Hälfte 17. Jh.

Farffler. Um sich trotz gelähmter Beine fortbewegen zu können, entwickelte er erst einen vier-, später einen dreirädrigen Wagen, der über ein Zahnradgetriebe durch Handkurbeln bewegt wurde. Es erregte allgemeine Bewunderung, wie er damit unter anderem »sich selbst ohne eines anderen Beyhülffe zur Kirche fuhr«. Ob Farffler Vorläufer gehabt hat (etwa im Fahrzeug von Hacker, um 1600), ist umstritten.

Der Selbstfahrer mit Antrieb über die Armmuskeln ist keine sehr günstige Lösung. Er behauptete sich nur für Sonderzwecke und als Sportgerät, vor allem für Kinder (»Holländer«).

Fußantrieb war besser, wie man schon damals erkannt hatte. Wer es sich leisten konnte, spannte die Füße anderer ein. So z. B. im 18. Jahrhundert der Engländer J. Vever. Er saß vorn im Gefährt, das er mit einem Seil lenken konnte. Hinter ihm stand, durch eine Wand

Wagen von J. Vever
18. Jh.

abgetrennt und allen Unbilden des Wetters ausgesetzt, ein Lakai als Motor. Mit den Händen umfaßte er eine Haltestange, die Füße setzten ein Getriebe und über dieses den Wagen in Bewegung.

Ein ebenso betriebenes Fahrzeug entwarf um 1560 der Nürnberger B. Holzschuher. Es war eine Art Omnibus: Acht Fahrgäste fanden Platz, acht »Knechte« sorgten für die Fortbewegung.

In kriegerischen Zeitläuften, so der Erfinder, sollte das Fahrzeug schußsicher umkleidet werden. Kein »gewaltiger Herr« sollte ohne einen solchen Wagen sein, damit er, »falls Verrat, Gefangenschaft oder anderes zu befürchten sei, in schneller Eile davonkommen könne«. Unterstützt wurde diese Empfehlung durch das Versprechen, er »könne auf diesem Fahrzeug auch an 20 oder 30 Centner Gut mit sich führen«. Doch wird von keinem gewaltigen Herrn berichtet, der unter solchem gepanzerten Schutz das Weite suchte.

Manchmal nahmen es Erfinder oder ihre Chronisten mit der Wahrheit nicht zu genau. So wird ein Wagen (1649) des Nürnberger Zirkelschmieds J. Hautzsch beschrieben,

»welcher also frey gehet und bedarff keiner Vorspannung weder von Pferden oder anderes und gehet solcher Wagen in einer Stund 2000 Schritt. Man kann still halten, wenn man will, man kann fortfahren, wenn man will, und ist doch alles von Uhrwerck gemacht«.

Daß man »von Uhrwerck gemacht« in der Stadt der ersten Taschenuhren für bare Münze nahm, ist entschuldbar. Auch hat man sich damals und später wirklich an Fahrzeugen mit Uhrwerksantrieb versucht. Die Mühe war vergebens. Nur Spielzeugmodelle mit Federwerk begeisterten in der Folgezeit Millionen Kinder. In des Zirkelschmieds Wagen jedenfalls gab es keine Uhrfeder, sondern zwei verborgene kräftige Männer, die über Kurbeln die Hinterräder drehten.

»Omnibus« von B. Holzschuher um 1560

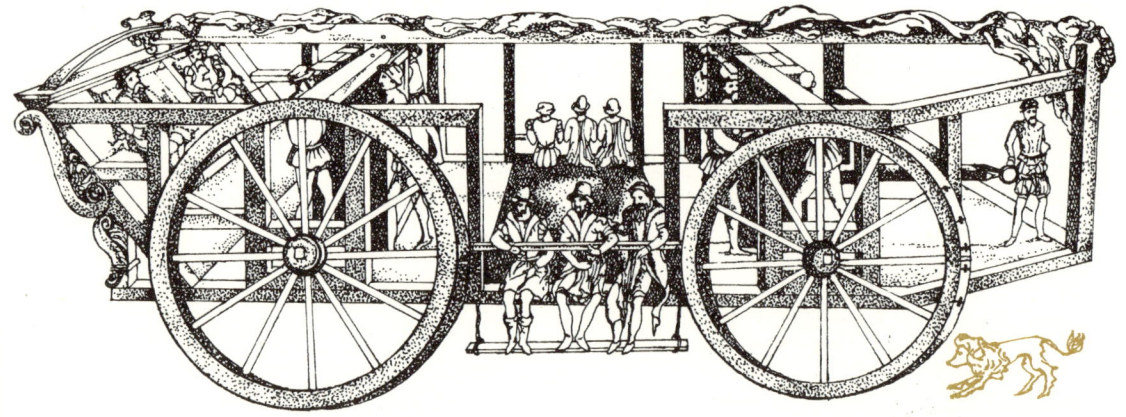

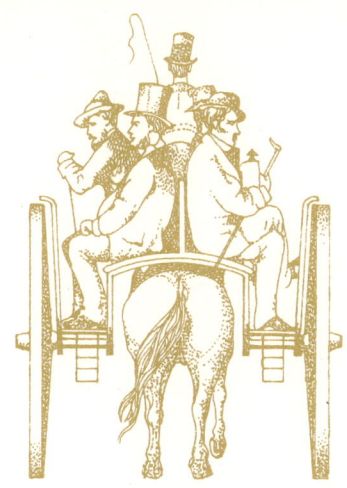

Der Equibus hatte wenig Erfolg 1878

Hautzsch kann jedoch den Ruhm beanspruchen, den ersten Wasserwerfer – sogar mit »Sondersignal« – gebaut zu haben:

»Wenn das Volk bey einem starken Zulauf den Fortgang des Wagens in etwas hemmen wollte, ließ er einen an dessen Ende sich befindenden Drachen durch besondere Drucke viel Wasser ausspeyen und damit Leuthe von vorn wegtreiben, da inzwischen noch zu mehrerer Belustigung auch durch seine weitere Direction besagter Drach die Augen zum öftesten verdrehen und ein Paar Engel die Posaunen aufheben und darauf blasen mußten.«

Der Wagen wurde ein Exporterfolg. Das schwedische Königshaus erwarb ihn für den damals nicht geringen Preis von 500 Talern!

Man sollte glauben, an Pferdewagen sei prinzipiell nicht allzuviel zu verändern. Der »Equibus« (1878) belehrt uns eines Besseren. Vier Fahrgäste und der Kutscher finden auf (richtig über) einem Pferderücken Platz. Ihre Masse belastet allerdings vor allem die beiden Laufräder. Sie tragen ein Gestell mit den Sitzen. Die ganze Vorrichtung wird von hinten über das Pferd geschoben und an diesem festgeschnallt. Obwohl man lobende Worte für die große Wendigkeit und Geschwindigkeit des Equibus fand, eroberte er die Straßen nicht.

»Zweidecker«, Omnibusse mit zwei Stockwerken, waren für Städte wie London und Berlin fast so etwas wie fahrende Wahrzeichen. Sie wurden anfänglich, im 19. Jahrhundert, von Pferden gezogen, qualmten aber zeitweise (vgl. S. 110) auch mit Kohlenfeuerung durch die Straßen.

Was man sich von dem abgebildeten Konstruktionsvorschlag versprach, ist nicht recht ersichtlich. Die Pferde sind *im* Wagen ange-

Projekt eines Doppelstockfahrzeugs mit Pferdeantrieb

schirrt und bewegen mit den Füßen ein endloses Laufband. Dieses wiederum treibt über Zahnräder die beiden riesigen Laufräder. Gelenkt wurde über das Vorderrad. Bei längeren Fahrten mußte der Chauffeur seine Armmuskeln erheblich strapazieren.

Die Fahrgäste suchten über Treppen das erste und das zweite Obergeschoß auf. Wer sich Breite und Höhe des Monstrums vergegenwärtigt, braucht keine weitere Erklärung für den Mißerfolg der Erfindung. Noch breiter waren gleichfalls vorgeschlagene Wagen, in denen Pferde einen Göpel drehen sollten.

Bandscheibenfreundlich ist die Haltung der beiden teilmotorisierten Sportler aus dem Jahre 1899 gewiß nicht. Auch ist nicht anzunehmen, daß sie dadurch die Windschlüpfigkeit beim Fahren verbessern wollten. Ob man das Fahrzeug als Fahrradtandem mit Hilfsmotor oder als Motortandem mit Hilfsmuskelantrieb bezeichnen soll, ist nicht leicht zu entscheiden. Jedenfalls betätigen beide

Motor-Tandem, Einspurwagen und Kreiselantrieb

Fahrer komplette Fahrradantriebe mit Kettenrädern und Ketten. Im Rahmen war zwischen den Fahrern ein Einzylindermotor angeordnet. Er wirkte ebenfalls über eine Kette auf das Hinterrad. Die Motorwelle konnte je nach Gelände und Straßenverhältnissen ein- und ausgekuppelt werden.

War das Tandem eine Kombination aus Fahr- und Motorrad, so baute man 1914 versuchsweise Kraftfahrzeuge, die Motorrad und Kraftwagen zugleich waren. Sie würden, so sagte man, wegen ihrer geringen Abmessungen sehr leicht unterzubringen sein und überall auf Straßen und Wegen einen Abstellplatz finden — eine Vorstellung, von der Kraftfahrer unserer Zeit nur zu träumen wagen.

Der sehr schmale Zweisitzer mit hintereinanderliegenden Plätzen stand und startete wie jeder Kraftwagen. Bei ausreichender Geschwindigkeit wurden die seitlichen Stützräder eingezogen, die Fahrt erfolgte nun wie mit einem Motorrad. Wollte man anhalten, mußten zuvor wieder die Stützräder ausgefahren werden.

Heute würde das Ein- und Ausfahren bei einer bestimmten Geschwindigkeit natürlich von selbst erfolgen. Damals gab es eine solche Automatik noch nicht; dies war wohl einer der Gründe dafür, daß die Konstruktion wenig Freunde fand. Wer wollte schließlich bei plötzlichem Bremsen Gefahr laufen, zur Seite zu kippen?

Man dachte zwar daran, zur Stabilisierung statt der Stützräder einen Kreisel einzusetzen, scheiterte aber an der notwendig großen Kreiselmasse, dem zusätzlichen Energiebedarf (der Kreisel mußte

Tandem
mit Muskelkraft
und Benzin
1899

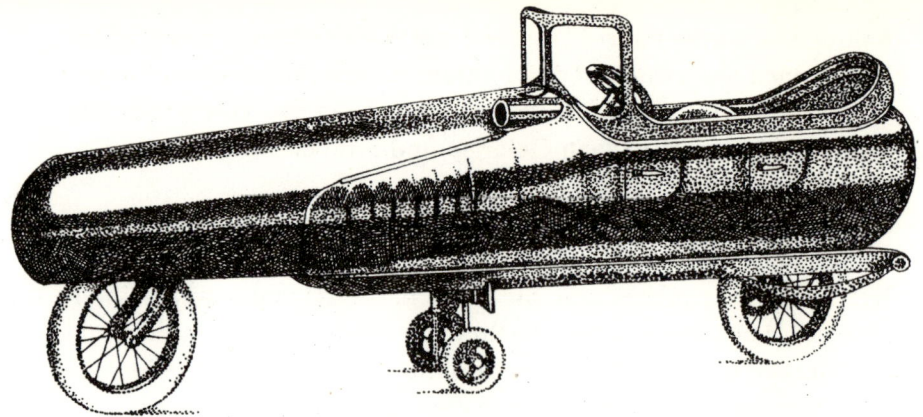

Motorrad oder Kraftwagen? 1914

fortwährend laufen) und an zusätzlichen Kräften, die durch den Kreisel bei Kurvenfahrt usw. ausgelöst worden wären.

Trotzdem hat man Kreisel großer Masse in Landfahrzeugen verwendet, allerdings nicht zur Stabilisierung, sondern als Antriebshilfe in Zeiten empfindlichen Treibstoffmangels. Elektrischer Fahrzeugantrieb bietet zwar überzeugende Vorteile, ist aber schwierig, weil größere Mengen Elektroenergie nicht zu speichern sind — wäre dem nicht so, brauchten wir keine Pumpspeicherwerke und keine Oberleitungen für Straßenbahnen und elektrifizierte Fernstrecken. Vor allem in der Schweiz wurde um 1945 eine heute allerdings wieder verschwundene Notlösung für kurze Strecken zur Einsatzreife entwickelt, der »Gyroantrieb«.

Folgender Gedanke liegt dem zugrunde: Auf einer Welle ist ein möglichst schwerer Kreisel (man sollte vielleicht besser von einem Schwungrad sprechen) starr mit einem Elektromotor gekuppelt. Er wird aus dem Netz gespeist und bringt das Schwungrad auf hohe Tourenzahl, wobei Rotationsenergie »gespeichert« wird. Der Motor wird daraufhin vom Netz getrennt und läuft, angetrieben vom »Schwung« des Kreisels, als Generator. Die gewonnene Elektroenergie speist die Fahrmotoren, bis die Rotationsenergie nahezu umgewandelt ist. So umständlich das klingt, es funktionierte. Man experimentierte zuerst mit einer Rangierlokomotive. Mit fünf beladenen Waggons legte sie bis zu 15 km zurück. Dann mußte über das

»Kreisel treibt Stadtbus« um 1945

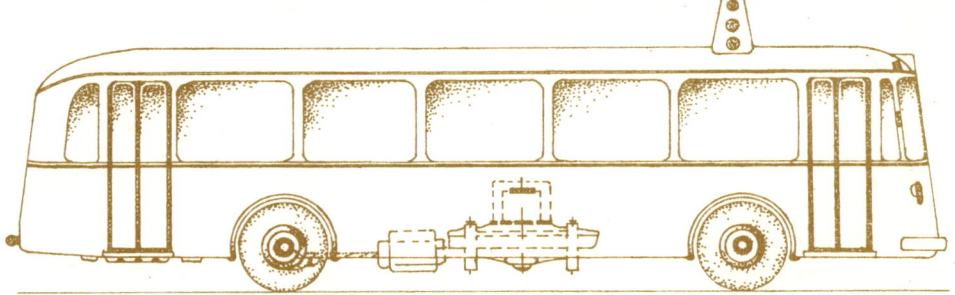

Netz und den erneut als Motor laufenden Generator wieder Rotationsenergie »getankt« werden. Versuchsweise ausgeführte Stadtbusse brachten es auf Fahrstrecken von 6 bis 7 km. Das Aufladen geschah durch eine Art großer Steckdosen an Haltestellenmasten. Es zeigte sich jedoch, daß der »Gyrobus« gegenüber Straßenbahn und O-Bus doch nicht konkurrenzfähig war. Auch seine erhebliche Masse (Schwungrad allein über 1 t!) und die vom Kreisel verursachten Zusatzkräfte störten erheblich.

Eine komplizierte Kombination: Ballon, Segelschiff und Seilbahn 1867

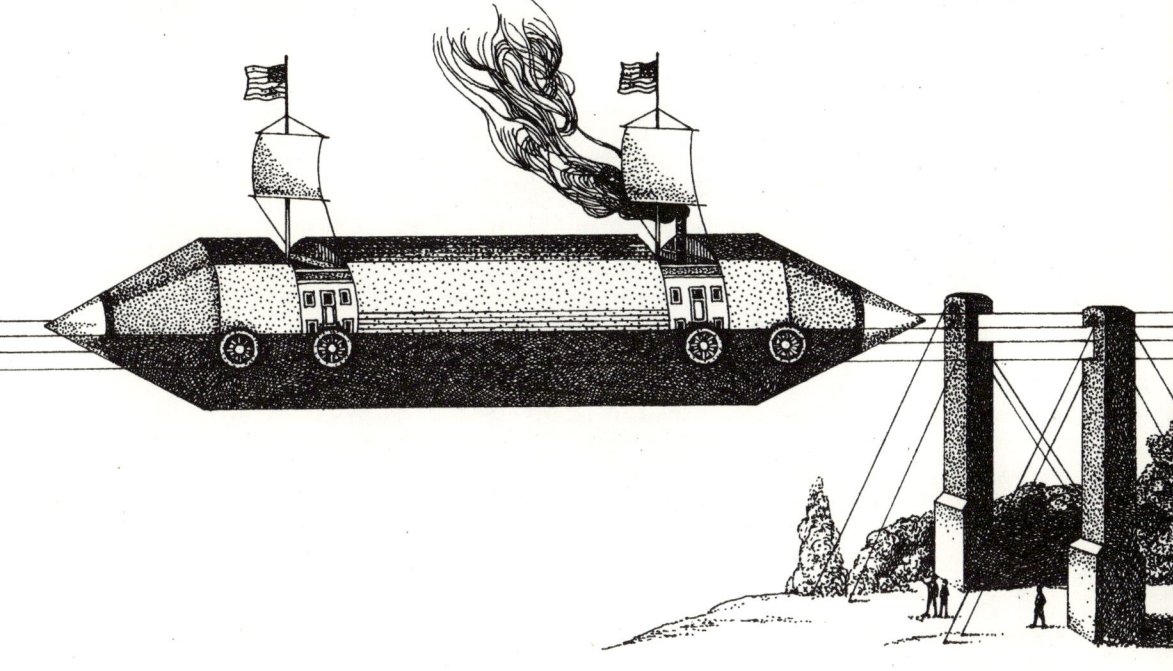

Die segelnde Drahtseilbahn

Einem nordamerikanischen Wissenschaftler blieb es 1867 vorbehalten, Segelschiff, Luftballon und Drahtseilbahn zu einem die Straßen entlastenden Verkehrsmittel zu kombinieren. Die »Zigarre« war dreigeteilt. Sie umhüllte den Passagier- und Frachtraum, den Maschinenraum für die vorgesehene Dampfmaschine, vor allem aber Zellen, die mit einem »möglichst leichten Gas« gefüllt waren. Durch den Auftrieb des Gases sollten Eigen- und Nutzlast nahezu kompensiert werden. Es würden daher zur Führung durch die seitlich angebrachten Räder verhältnismäßig einfache und nicht teure Drahtseilkonstruktionen und Pfeiler ausreichen. Reibung und notwendige Antriebskräfte würden sich verringern. Die Dampfmaschine könnte auch durch einen Handantrieb ersetzt werden — gewiß kein schlechter Gedanke, denn der zu heizende Kessel in der Nähe einer großen Menge brennbaren Gases war denn doch etwas gewagt. Für günstigen Wind gab es Segel. Allerdings ist niemand auf diese Weise an Drahtseilen entlanggesegelt oder gedampft.

Die zweite Verkehrsebene ist nicht neu um 1890

Die »zweite Verkehrsebene« muß Städteplaner schon frühzeitig bewegt haben, denn immer wieder tauchten Vorschläge in dieser Richtung auf, z. B. dieser aus dem Jahre 1874:

»Rollender Bürgersteig« nannte sich die Lösung, die auch in den folgenden Jahrzehnten immer wieder kluge und manchmal auch nur geschäftstüchtige Köpfe erregte. Dabei »rollte« selbstverständlich nicht der Bürgersteig selbst, sondern ein endloses Band aus einzelnen und dicht aneinander anschließenden Segmenten sollte über Rollen gezogen werden. Man stellte sich darauf und gelangte stehend, sitzend oder zusätzlich laufend zum Ziel.

Eine Möglichkeit zeigt unser Bild. Das Transportband ist über der Straßenfläche auf Pfeilern installiert. Geschlossene Kabinen, säuberlich getrennt nach »ladies« und »gentlemen«, fehlen ebensowenig wie Sitzbänke und Einzelsitze. Der Erfinder, ein Mr. Speer, führte ein funktionsfähiges Modell vor, das von Tausenden bewundert wurde. Nur fand er niemanden, der sich an der Finanzierung beteiligen wollte.

Seinen Nachfolgern erging es übrigens nicht anders, obwohl diese den Gedanken ausbauten: Das Problem der Abzweigungen und Kreuzungen wurde technisch gelöst. Man sah mehrere nebeneinanderliegende Streifen unterschiedlicher Laufgeschwindigkeit vor, von denen der an der Häuserfront liegende am langsamsten lief, damit man Schaufenster betrachten oder gefahrlos absteigen konnte, der zur Straßenseite sich für eilige Passanten am schnellsten bewegte. Die Geschwindigkeiten waren so aufeinander abgestimmt, daß ungefährliches Umsteigen möglich war.

In utopischen Erzählungen kommen die rollenden Bürgersteige noch vor — aber nicht nur dort. In etwas bescheidenerer Ausführung finden wir sie auf großen Flughäfen, und schließlich haben sie auch bei der Entwicklung von Fahrtreppen Pate gestanden.

Der rollende Gehweg

8

Symingtons
Dampfkutsche

Dampfwagen Trevithicks

Kleinwagen mit Dampfantrieb

Dampfwagen von Squire
und Macerone

Dampfbetriebenes Zweirad

Dampfwagen von Gurney

Es gab auch dreirädrige Omnibusse

Bruntons schreitende Lokomotive

Zahnradlokomotive von Blenkinsop

Dampf-Elektrolokomotive

Noch immer diskutiert:
die Einschienenbahn

Damit andere Pferde
nicht erschrecken

Dampfroll-
wagen

Volldampf AUF STRASSEN & SCHIENEN

Jeder weiß um die entscheidende Rolle der Dampfmaschine für die industrielle Revolution. Es konnte nicht ausbleiben, daß man der ersten universellen Kraftmaschine sehr bald beibrachte, sich schwimmend oder auf eigenen Rädern fortzubewegen.

Gleich am Anfang stand ein Kuriosum, wenn auch nicht konstruktiv-technischer Art: Ausgerechnet James Watt (1736—1819), wie kein anderer an der Entwicklung der Dampfmaschine beteiligt, erschwerte die ersten Schritte auf diesem Wege, indem er sich allen Versuchen, dampfgetriebene Fahrzeuge zu schaffen, entgegenstellte. Schon 1769 schrieb er:

»Wenn der Leinenhändler Moore nicht meine Maschine anwendet, um seine Wagen zu treiben, so kann er zu überhaupt keinem Resultat kommen — und wenn er es tut, werde ich ihn daran hindern.«

Später bezog Watt zwar den Dampfwagen in seine Patente ein, aber nicht, um ihn selbst zu bauen, sondern, wie er selbst verriet, vor allem, um andere daran zu hindern.

Es half trotzdem wenig, daß man die Monopolstellung der Watt-Boultonschen Maschinenfabrik mit einem solchen Trick zementieren wollte. Bald befuhren Dampffahrzeuge Straßen und Schienen. Ihre Konstrukteure lernten voneinander. Ihre Besitzer befehdeten sich aus Konkurrenzgründen erbittert.

Hundert Jahre vor Watt hatte kein Geringerer als Isaac Newton (1643—1727) einen Dampfwagen ersonnen. Ein Kessel sollte auf einen Wagen gesetzt und in Heckrichtung mit einer Düse versehen werden. Der Rückstoß ausströmenden Dampfes sollte das Gefährt bewegen.

Symingtons Dampfkutsche um 1800

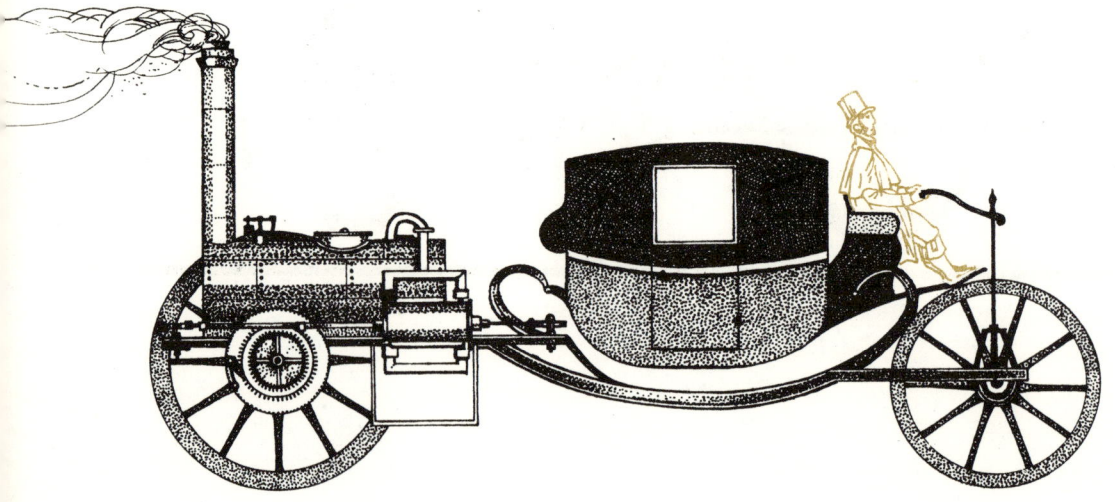

Dampfwagen Trevithicks 1800

Offenbar war der Vorschlag nur ein Gedankensplitter des großen Physikers und Mathematikers. Er selbst hatte ja das Rüstzeug erarbeitet, nachzurechnen, daß sich der Wagen so nicht realisieren ließ. Auch hinter einem solchen Speiteufel die Straße überquerende Fußgänger wären gewiß nicht zu beneiden gewesen.

Der erste wirkliche Dampfwagen verursachte auch gleich einen Verkehrsunfall. Das Fahrzeug des Franzosen N. J. Cugnot (1725–1804), um 1770 fahrbereit, kollidierte mit einer Mauer. Diese wurde umgeworfen, der Dampfwagen blieb nahezu unbeschädigt. Das spricht für Cugnots solide Konstruktion – in der Tat war sie so massig und ungefüge, daß der Wagen für einen praktischen Einsatz nicht in Frage kam. Übrigens mußte er nach jeder Viertelstunde anhalten, um wieder Dampf zu sammeln.

Dampfwagenbauer nach Cugnot gingen wie auch später Kraftfahrzeugpioniere von bereits vorhandenen Fahrgestellen und Kutschen aus, die sie mit einer Dampfmaschine nachrüsteten.

William Symington (1763–1831), der sich später durch erfolgreiche Dampfschiffversuche einen Namen machte, verlängerte eine Kutsche durch eine Dampfmaschine Wattscher Bauart. Das Gefährt legte zwar geringe Strecken zurück, erwies aber im Grunde nur einmal mehr, daß Watts Niederdruck-Dampfmaschine für Straßenfahrzeuge nicht geeignet war.

Dampfwagen beginnen zu rollen

Kleinwagen mit Dampfantrieb 1876

Erst der Übergang zu höheren Dampfdrücken führte zu annehmbaren Lösungen. Kessel und Maschine wurden kleiner, die Leistung stieg an. Unter vielen, die sich an Hochdruck-Dampfmaschinen für den Fahrzeugantrieb versuchten, ragt der englische Ingenieur Richard Trevithick (1771–1833) hervor. Er ging von funktionstüchtigen, gut laufenden Modellen aus. Die Dampferzeugung hatte Trevithick bei ihnen auf eine recht naiv anmutende Weise gelöst: Ein massiver eiserner Bolzen wurde im Herdfeuer glühend gemacht und dann in die Maschine eingelegt. Das mochte für Modelle (und viele Jahrzehnte für Bügeleisen) angehen, nicht aber für ein größeres Fahrzeug.

Von der Dampfkutsche zum Dampfomnibus

Es blieb Trevithick nichts übrig, als seine Dampfkutsche (um 1800) mit einer Feuerung auszurüsten, die bei längeren Strecken von einem hintenstehenden Heizer versorgt werden konnte. Zwei Zahnräder übertrugen die Kolbenbewegung auf die Hinterräder. Ihr Durchmesser, etwa 2,5 m, diente weniger der Geschwindigkeitserhöhung, sondern in erster Linie dazu, besser mit den schlechten Straßen fertig zu werden. Diese waren so miserabel, daß manche Dampfwagenbauer erfreut meinten, das fortwährende Rütteln und Schütteln erübrige mit wachsender Geschwindigkeit ein Schüren des Feuers. Ob die Reisenden von diesem urwüchsigen Regelmechanismus ebenso erfreut waren, sei dahingestellt.

Trevithicks Probefahrten verliefen zufriedenstellend. Sogar Straßenpassanten konnten teilnehmen, sofern sie den nötigen Mut aufbrachten. Durch einen unglücklichen Zufall verbrannte Trevithicks erster Wagen. Er konstruierte einen zweiten, der zehn Personen mit einer Geschwindigkeit bis zu 15 km/h befördert haben soll. Trotz aller Bewunderung aber galten Trevithicks Fahrzeuge eben nur als nicht ernst zu nehmende Attraktion. Gewinn brachten sie ihrem Erfinder nicht. Er wandte sich bald dem aussichtsreicheren Lokomotivenbau zu.

Für Kleinwagen war, das zeigte sich immer wieder, die Dampfmaschine wenig geeignet. Trotzdem hat man an ihnen bis gegen Ende des 19. Jahrhunderts herumgebastelt. Beispielsweise sei der 1876 propagierte Kleindampfwagen genannt — wenn man dem Bild trauen darf, war er alles andere als umweltfreundlich. Er ist hier auf Schienen gesetzt, war aber für den Straßenverkehr gedacht. Die großen Bremsbacken an den Hinterrädern lassen darauf schließen, daß man auf beachtliche Geschwindigkeiten hoffte. Sie wurden nie erreicht. Außerdem hatte um die gleiche Zeit die Entwicklung der Kraftfahrzeuge mit Verbrennungsmotor eingesetzt. Damit verringerten sich die Chancen der Dampffahrzeuge erst langsam, dann immer schneller.

Ein ähnliches Schicksal widerfuhr dem Dampfzweirad. Sein Antriebsaggregat war meistens hinter dem Sattel angebracht und wurde mit flüssigen Brennstoffen beheizt. Ein zusätzlicher Pedalantrieb konnte Hilfestellung geben, wenn die Zugkraft nicht ausreichte.

Auch Dampf-Zweiräder existierten

Dampfbetriebenes Zweirad

Mit kleineren Dampffahrzeugen war,
das zeigte sich immer wieder,
kein Lorbeer zu erringen. Aussichtsreicher erschienen größere,
bei denen sich im Hinblick auf Maße, Masse und Nutzlast bessere
Verhältnisse erzielen ließen.
In England, dem Heimatland der Dampfmaschine, rollten
daher seit Beginn des 19. Jahrhunderts Dampfomnibusse.

Dampfwagen von
Squire und
Macerone
1833

Sie erschienen in unterschiedlichsten Ausführungen auf den Straßen, mit am Heck angeordneter Maschine wie der Omnibus von Gurney (1822) oder von Hancock, mit besonderem »Chauffeur« (was nichts anderes als ›Heizer‹ heißt) wie der Wagen von J. Squire und F. Macerone (1833). Auch Fahrzeuge mit Bug- oder Unterflurmaschine wurden entwickelt.

Es gab
auch dreirädrige
Omnibusse

Auch der zweistöckige Bus, vor allem in London und Berlin zur Berühmtheit gelangt, ist so neu nicht. Als dreirädriger Dampfomnibus beförderte er in der ersten Hälfte des 19. Jahrhunderts bis zu vierzig Personen über Englands Landstraßen.

Diese neuartigen Fahrzeuge stießen anfänglich nur auf wenig Gegenliebe. Als »völlig unsinnig und überflüssig« werteten sie die einen ab, »äußerst gemeingefährlich« nannten sie andere. Allmählich erst gewöhnte man sich an das neue Verkehrsmittel. In England wurden Kraftverkehrsunternehmen gegründet, die beispielsweise die Londoner Innenstadt nach festem Fahrplan mit Vororten, aber auch im Überlandverkehr mit weiter entfernten Ortschaften verbanden. Geschwindigkeiten bis zu 40 km/h, damals eine beachtliche Leistung, wurden erreicht. Fuhrunternehmer mit ihren Pferdewagen konnten da nicht mehr mithalten, während die Aktionäre der sich im gleichen Zeitraum entwickelnden Eisenbahnen das Heranwachsen eines Konkurrenten fürchteten. Sie erzwangen in England jene berüchtigten Gesetze, die den Dampfwagenverkehr zum Erliegen brachten und teilweise bis zum Jahrhundertende in Kraft blieben. Der Vorzug der hohen Geschwindigkeit wurde durch einschneidende Begrenzungsvorschriften zunichte gemacht: Jedem Dampfwagen mußte ein Warnposten mit roter Fahne oder Laterne vorauslaufen!

In Frankreich gab es solche Hemmnisse nicht. Dort wurden daher Dampfwagen weiterentwickelt und zahlreiche Linien eingerich-

Dampfrollwagen
2. Hälfte 19. Jh.

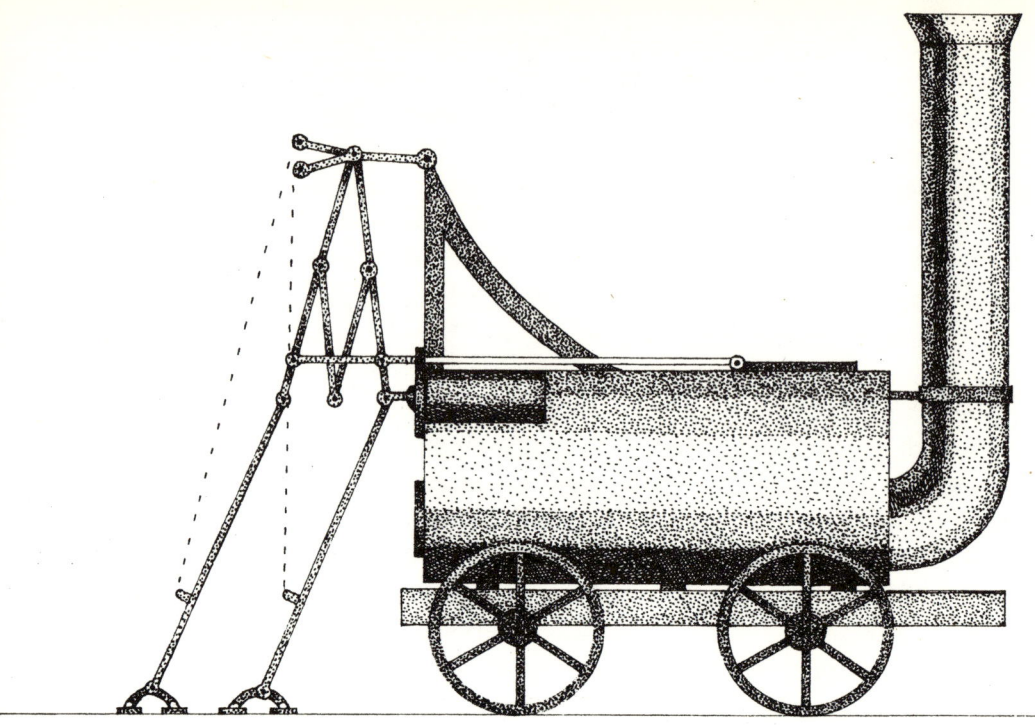

Bruntons schreitende Lokomotive 1813

tet. Die gewonnenen Erkenntnisse und Erfahrungen – z. B. hinsichtlich der Chassiskonstruktion, der Kraftübertragung, Lenkung usw. – gingen nutzbringend in den späteren Automobilbau ein.

Bis um die Jahrhundertwende wurden in Frankreich Dampfwagen betrieben. Sie demonstrierten ihre Brauchbarkeit für Fernfahrten (z. B. 1879 Paris – Wien) und beteiligten sich sogar an den ersten Automobilrennen. Es wurden Dampf»rollwagen« für den Gütertransport und dampfgetriebene Spritzenfahrzeuge für Feuerwehren geschaffen. Trotzdem schlug bald auch ihre letzte Stunde: Das leichter zu bedienende und ohne langwierige Vorbereitung startbereite Fahrzeug mit Verbrennungsmotor war ihnen weit überlegen. Auch um vereinzelte Versuche aus jüngster Zeit, den Dampfwagen wieder aufzuwerten und sogar Dampfmotorräder und -mopeds zu konstruieren, wurde es schnell wieder ruhig.

Mit Beinen auf Schienenwegen

Dampfmaschinen auf Schienenwegen rollen zu lassen erschien einfacher und günstiger. Man brauchte sich nicht mit miserablen Straßenverhältnissen auseinanderzusetzen, die Lenkeinrichtung entfiel, vor allem aber: Man konnte, wie Pferdebahnen gezeigt hatten, mit verhältnismäßig geringen Zugkräften erhebliche Lasten befördern. Einige merkwürdige Konstruktionen sind einem auch unter Technikern verbreiteten Vorurteil zuzuschreiben. Viele waren damals überzeugt, die Reibung zwischen Triebrädern und Schienen würde so gering sein, daß auf Steigungen oder bei größeren angehängten Lasten die Triebräder der Lokomotive sich einfach »durchdrehen« müßten.

Der Engländer Brunton versuchte, diese Befürchtung gegenstandslos zu machen, indem er die Antriebskraft nicht auf Räder, sondern über ein Hebelgestänge auf Stemmfüße wirken ließ. Sie endeten in Fußplatten, mit denen sich die Maschine vorwärts stoßen sollte. Daß dieses System wenig Aussicht auf Erfolg hatte, versteht sich von selbst. Immerhin tauchte der gleiche Gedanke später noch einmal bei einem Vorschlag für Grabenbagger auf.

Auf technisch elegantere Weise wollte Blenkinsop die vermeintlich zu geringe Reibung umgehen. Bei seiner Lokomotive trieb die Dampfmaschine ein Zahnrad, das in eine endlose Zahnstange neben den Schienen eingriff. Die Zylinder der Maschine waren, um Wärmeverluste zu vermindern, im Kesselinnern angeordnet. Die Lokomotive, für den Verkehr auf im wesentlichen ebenen Strecken gedacht, erreichte bei Probefahrten allerdings nur geringe Geschwindigkeiten. Bei höheren »sprangen« die nicht mehr schlüssig greifenden Zähne und wurden rasch zerstört. Später wurde Blenkinsops Gedanke wieder aufgegriffen. Für Bergstrecken großer Steigung und demzufolge geringer Reisegeschwindigkeit hat sich die Zahnradbahn mit zwischen den Schienen verlegter Führungsstange durchaus bewährt.

Zahnradlokomotive von **Blenkinsop** 1811

Noch immer diskutiert: die Einschienenbahn 1888

Hundert Jahre Einschienenbahn

Für Einschienenbahnen interessierten sich Techniker schon, bevor man Stabilisierungskreisel, Luft- oder Magnetkissen und Linearmotoren kannte. Eine der ersten Einschienenbahnen stammt von dem französischen Ingenieur Lartigue. Sie war vor allem für Bahnlinien vorgesehen, die von Sand- oder Schneeverwehungen bedroht waren. Etwa einen Meter über dem Boden wurde eine Trageschiene verlegt, die die Last von Lokomotive und Waggons aufnahm. Außerdem waren zwei seitliche Stützschienen vorhanden, um ein Schwanken oder gar Kippen auszuschließen. Von einer »echten« Einschienenbahn konnte also nicht die Rede sein. Gegen Ende des 19. Jahrhunderts wurden mehrere solcher Strecken in Algerien und Tunesien, später auch in Irland in Betrieb genommen. Das System funktionierte, war aber für verzweigte und vielbefahrene Bahnnetze doch zu umständlich. Die Konstruktion brauchbarer Weichen z. B. stieß auf unüberwindliche Schwierigkeiten, beim Zusammenstellen und Auflösen von Zügen mußten die Wagen mit einem Kran auf die Trageschiene gehoben werden.

Eine noch merkwürdigere »unechte« Einschienenbahn befuhr im ersten Jahrzehnt unseres Jahrhunderts in Indien eine 80 km lange, unmittelbar neben einer Straße verlaufende Trasse. Lokomo-

Dampf-Elektrolokomotive

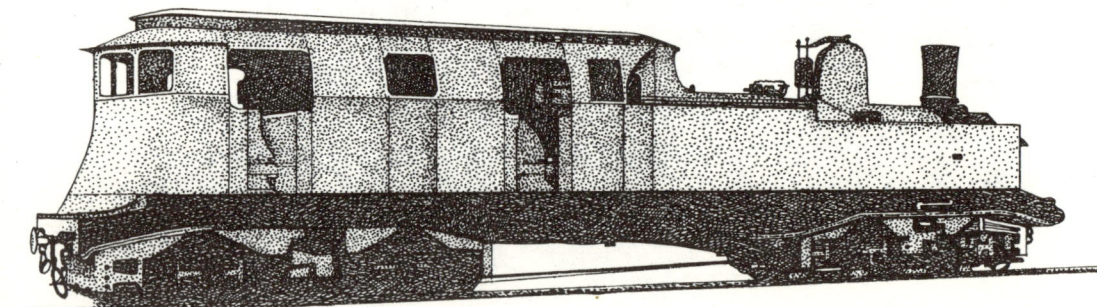

tive und Wagen »ritten« auf einer Trageschiene am Straßenrand, ein Ausleger zur Straßenseite sorgte mit massigen Laufrädern für die nötige Balance. Auch diese Bahn verschwand bald wieder.

Trotz offensichtlicher Vorzüge, z. B. Verwendung von Betonbalken als Trageschiene, geräuscharmer Lauf durch Gummibereifung, hohe Anfahrbeschleunigung und Fahrgeschwindigkeit, gibt es derzeit kein Dutzend regelmäßig betriebener Einschienenbahnen auf der Welt, darunter nicht eine Fernbahn. An Projekten freilich ist kein Mangel.

Damit andere Pferde nicht erschrecken...
1876

Lokomotiven, in denen ein Dieselmotor Generatoren zur Stromerzeugung für die Fahrmotoren treibt, begegnen uns heute auf Bahnstrecken in aller Welt. In der dampf-elektrischen Lokomotive hatten sie bereits zu Beginn dieses Jahrhunderts einen Vorläufer. Man versprach sich von ihr auch bei hohen Geschwindigkeiten einen ruhigen, materialschonenden Lauf, weil die Kolbenbewegungen nicht unmittelbar auf die Triebräder übertragen wurden. Dampf aus einem Hochdruckkessel speiste zwei Dampfmaschinen. Jede war mit einem Generator zur Stromerzeugung gekuppelt. Die Läufer der Fahrmotoren saßen unmittelbar auf den Achsen. Mehrere dieser Lokomotiven zogen in Frankreich Schnellzüge, wobei

Reisegeschwindigkeiten bis zu 100 km/h erzielt wurden. Der technische Aufwand war aber so hoch, daß der Einsatz der Dampf-Elektro-Lok sehr begrenzt blieb. Ihre Entwicklung wurde nicht weitergeführt.

Nur scheinbar merkwürdig sind einige Lokomotiven, die für besondere Betriebsbedingungen entwickelt wurden oder einen ohnehin vorhandenen Energievorrat nutzten. Solche »feuerlosen« Lokomotiven befuhren nur kurze Strecken, etwa im Werksverkehr oder in Gruben. Man füllte ihren Kessel z. B. mit Dampf unter hohem Druck, wie er in manchen Produktionsstätten ohnehin verfügbar ist, und nutzte sie für den Rangierbetrieb. In Gruben hingegen wurden, um jeder Explosionsgefahr auszuweichen, Druckluftlokomotiven eingesetzt. Der aus Akkumulatoren versorgte Elektrotriebwagen (eine Art Schienenbus) hatte einen besonders abwegigen Vorgänger, der jedoch von vornherein eine bloße »Papierkonstruktion« bleiben mußte. Um Stromschienen, Oberleitungen usw. zu sparen, wollte ein portugiesischer »Berufserfinder« um 1880 eine Lokomotive mit Elektromotoren und galvanischen Batterien ausrüsten, die »natürlich von Zeit zu Zeit ausgewechselt werden müßten«. Das ist nun wirklich ein Rückfall in die Urzeit der Elektrotechnik!

Zwischen Pferdebahn und elektrischer Straßenbahn führten dampfbetriebene Straßenlokomotiven ein kurzes und bescheidenes Dasein. Nicht nur bei Anwohnern, sondern anscheinend auch bei Pferden waren sie unbeliebt; denn man unternahm mancherlei, um den Vierbeinern einen Schock zu ersparen. Man betrachte das Bild! In der recht wohlgenährt aussehenden Pferdeattrappe steckt eine mit Gas beheizte Dampfmaschine. Der Abdampf entweicht nicht, wie bei einem feurigen Roß zu erwarten, aus den Nüstern, sondern am Schwanzende. Als diese »Hippo-Lokomotive« um 1880 nicht die Pferde, sondern mehr Fußgänger erschreckte, erinnerte sich kaum jemand, daß man einst (beim berühmten Lokomotivenrennen von 1829) ein Pferd im Lokomotivkessel versteckt hatte...

Feuerlose Lokomotiven — Lokomotiven »mit Pferd«

9

Altes, junges Fahrrad

Trimm dich fit!
Minifahrrad
oder Maxirollschuh?
Auch das ist ein Fahrrad!
Die Kugel als Fahrrad
Vorsicht, Hochspannung!
Luft-Velociped
Das elektrische
Wasserfahrrad
mit „Zylinderrädern"
Eine Hundertjährige:
Fahrrad-Rikshah
Quintuplet nannte man
diesen Fünfsitzer
Sogar Zwölfsitzer
existierten
Der Chef sitzt
höher!

Fahrräder sind wieder in Mode gekommen. Mit ihnen versuchen wir, der Bewegungsarmut des täglichen Lebens zu begegnen. Sie sollen uns in fahrzeugüberfüllten Großstadtstraßen schneller als der Kraftwagen voranbringen (Mitunter entnehmen wir sie auch erst am Stadtrand dem Kofferraum und klappen sie auseinander). Durch ihre Benutzung tragen wir ein Scherflein zum Kampf gegen Luftverschmutzung und Treibstoffknappheit bei.

Jung und alt radeln wieder. Fahrradwege, die lange Zeit neben immer großzügigeren Autostraßen ein Schattendasein fristeten, werden wieder her- oder neu eingerichtet; Fahrradtouristen sind unterwegs. Der oft nur im übertragenen Sinne gebrauchte, abwertende Begriff »Radfahrer« kommt wieder zu Ehren.

Seit Ende des 19. Jahrhunderts hat das Fahrrad im wesentlichen seine heutige Gestalt, obwohl es in Einzelheiten immer wieder verbessert wurde.

Die Pfade der ersten Radfahrer und Fahrräder waren steinig und mühsam. Als die Brüder Artamanow 1801 ihr aus Metall konstruiertes Fahrrad vorführten, erhielten sie vom Zarenhof zwar eine bescheidene finanzielle Anerkennung, ihr Fahrrad jedoch wanderte als Kuriosum in ein Museum.

Über das Laufrad des K. v. Drais (»Draisine« ist davon abgeleitet) schrieb 1818 ein Pariser Blatt:

»Diese Maschine wird nicht von großem Nutzen sein; denn man kann sich ihrer nur in gut erhaltenen Alleen eines Parkes bedienen ... Das Fahrzeug ist gut, um Kindern im Garten zum Spielen zu dienen ...«

Noch fast ein halbes Jahrhundert später war ein Hochschullehrer für Maschinenbau der Ansicht:

»... alle die, welche die Menschenkraft als Triebmittel solcher Fahrzeuge verwenden, sind solche, die nichts gelernt oder alles wieder vergessen haben ...«

Spott und Kritik jener Zeit werden verständlicher, wenn wir manche der Konstruktionen betrachten, die während der Suche nach dem »besten Fahrrad« auf dem Papier und in Werkstätten das Licht der Welt erblickten.

»Große« oder »kleine« Fahrradräder? Bereits über diese Frage wurde lange und mit Vehemenz gestritten – keineswegs nur unter Experten. Die Vertreter beider »Richtungen« hatten Argumente und Gegenargumente parat.

»Ein Rad großen Durchmessers legt bei einer Umdrehung eine längere Wegstrecke zurück als ein kleineres, mit ihm sind höhere Geschwindigkeiten zu erzielen. Außerdem machen ihm kleine Straßenunebenheiten nicht viel aus.«

So meinten die einen. Die anderen:

»Um auf eine ›Fahrmaschine‹ mit großen Rädern zu klettern oder um abzusteigen, sind akrobatische Fähigkeiten nötig. Der hochliegende Schwerpunkt begünstigt das Umfallen. Besonders bei Steigungen ist der Kraftaufwand viel größer als bei kleineren Rädern. Nur kleine Räder eignen sich für jedermann.«

Die richtige Lösung lag, wie so häufig, in der Mitte. Diesem Kompromiß verdanken wir das »Niederrad«, das »Sicherheitsfahrrad«, kurz, *unser* Fahrrad. Im 19. Jahrhundert aber wogte der Kampf jahrzehntelang hin und her und zeitigte mitunter extreme Auswüchse.

Bei dem einen Radgrößenextrem fällt die Entscheidung schwer: Ist, was da an die Waden geschnallt wird, ein Minifahrrad oder ein Maxirollschuh? Kann man überhaupt von einem Fahrrad sprechen, wo doch so bestimmende Elemente wie Rahmen und Sitz fehlen? Streiten wir nicht darüber. Ohnehin dürften solche Begegnungen wie im Bild selten gewesen sein; denn die bestimmt nicht wadenmuskelfreundliche Erfindung fand so gut wie keine Freunde.

Hoch- und Niederrad im Streit

Minifahrrad oder Maxirollschuh? 1870

Trimm dich fit!
2. Hälfte 19. Jh.

Die »Hochräder«, wie man die andere und in vielen Ausführungen vertretene Gruppe nannte, wurden in der Tat immer höher. Der Fahrer saß über dem Vorderrad. Das kleine hintere Stützrad war am Rahmenrohr angebracht, das auch den Sattel trug. Auf- und abgestiegen wurde von hinten, was bei manchen Modellen durch Fußrasten am Hinterrad erleichtert wurde. Ältere Leser werden sich erinnern, daß solche Aufsteigehilfen noch bei Fahrrädern aus viel jüngerer Zeit vorhanden waren.

Trotzdem kommt nicht von ungefähr, daß unsere beiden Radfahrer sportlich gekleidet sind; denn es gehörte schon ein gerüttelt Maß an Geschicklichkeit und Training dazu, sich auf dem bretthärten Sattel zu halten. Besonders Kopfstürze über das Vorderrad waren häufig, was bei der Anordnung des Fahrersitzes nicht verwunderlich ist. Ein Massenverkehrsmittel konnte das Hochrad nicht werden.

Ob der Amerikaner, der um 1880 das nebenstehende Einrad zum Patent anmeldete, selbst an einen Erfolg seiner Erfindung glaubte? Fast will es scheinen, als sei die Konstruktion dazu wirklich zu außergewöhnlich.

**Einrad —
Gegenstand
vieler Patente**

Der Fahrer sitzt im Innern des Rades. Es besteht aus zwei konzentrischen, durch Drahtspeichen verbundenen Ringen. Der innere Ring ist zugleich Führungsschiene für das Fahrgestell. Antriebsrad ist das größere Rad unter dem Fahrersitz. Die beiden anderen sorgen nur dafür, daß das Fahrgestell im inneren Ring gehalten wird. Pedale und Hebel übernehmen die Kraftübertragung. Eine Lenkvorrichtung gibt es ebensowenig wie eine Bremse. Wie der Fahrer allein hätte starten oder absteigen können, blieb ein Rätsel.

Noch merkwürdiger mutet das um die gleiche Zeit vorgeschlagene Kugelfahrrad an. Ein französischer Fahrradhersteller hat es entworfen. Entscheidendes Bauelement sollte eine Kugel von etwa 1,5 m Durchmesser sein, »durchsichtig, unzerbrechlich und wasserfest«. Sie war damals unmöglich herzustellen, denn welches Material hätte man nehmen können?

In die Kugel sollte ein (im Bild nicht eingezeichnetes) verschließbares Mannloch eingearbeitet werden, durch das der »Sphärovelo-

Auch das ist ein Fahrrad! 1880

cipedist« einsteigen oder besser wohl einkriechen konnte. Er nahm auf einer durchgebogenen Metallstange Platz, deren Länge etwa dem Kugeldurchmesser entsprach. An den Enden trug sie Schalen für zwei Stahlkugeln, die ihrerseits gegen die Kugelinnenwand drückten. Das Ganze war also eine Art vereinfachtes Kugellager.

Mit den gegen die Innenwand drückenden Füßen wurde die Kugel in Bewegung gesetzt. Zur Änderung der Fahrtrichtung sollte es genügen, den Körper nach links oder rechts zu neigen.

Die Kugel als Fahrrad um 1880

Sogar kleinere Wasserläufe wären, so der Erfinder, bei luftdichtem Mannloch kein Hindernis. Man brauchte nur kräftig Anlauf zu nehmen, und schon würde die Kugel über das Wasser rollen. Die Luft im Kugelinnern wäre, so dachte man, für mehrere Stunden ausreichend, auch könnte man ja kleine und ebenfalls verschließbare Luftlöcher vorsehen.

Auch das »Elektrische Luft-Velociped« wurde glücklicherweise nie gebaut. Eine Straße hätte es nicht benötigt, denn es sollte auf, an und mit Hilfe der »ohnehin vorhandenen« Überlandleitungen fahren. Der Strom für seinen Elektromotor würde über die Räder den Stromleitungen entnommen, der Fahrer sollte auf einem isolierten Gestell sitzen. Über das Auf- und Absteigen zerbrach man sich den Kopf nicht, auch nicht darüber, daß Überholen nicht möglich war.

Wasserfahrräder zählen in verschiedenen Ausführungen zum In-

Energienetz als Fahrradweg?

Seit 100 Jahren »fahren« Wasserfahrräder

ventar von Strandbädern oder Bootsverleihern. Oft haben sie mit einem Fahrrad nur noch den Fußantrieb gemein. Alle aber sind Nachfolger jener Wasserfahrräder, die schon vor hundert Jahren hier und da gebaut wurden. Zum Antrieb dienten Schaufelräder oder kleine Schiffsschrauben, die meistens über Kegelräder in Bewegung gesetzt wurden. Zur Steuerung des z. B. von zylinderförmigen Schwimmern getragenen Wasserfahrrades bevorzugte man den bewährten, aber mit einem Ruder verbundenen Fahrradlenker. Ähnliche Ausführungen, daneben solche mit einem normalen Bootskörper, gab es auch als Mehrsitzer.

Während derartige Wasserfahrräder, ursprünglich als Verkehrsmittel gedacht, nur als Sportgeräte in bescheidenem Umfang Verwendung fanden, sind diejenigen, bei denen die Schwimmkörper gleichzeitig die Fortbewegung übernahmen, rasch wieder im Raritätenkabinett der Technik verschwunden. Eines dieser Wasserfahrräder ruhte auf zwei langgestreckten, schraubenförmigen Schwimmkörpern. Sie lagen in gewissem Abstand parallel zueinander unter dem Gestell für den Fahrer und wurden über eine Kette in Bewegung gesetzt. Die Schwimmstabilität ließ jedoch wegen der rotierenden und im Querschnitt flachen Schwimmkörper sehr zu wünschen übrig und war daher Ursache manchen unfreiwilligen Bades.

Stabiler verhielten sich Wasserfahrräder, die aus Landfahrrädern hervorgegangen waren, deren Räder man durch zylindrische Schwimmkörper mit daran befestigten Schaufelblechen ersetzt hatte. Bei dem abgebildeten Modell haben die Zylinder (insgesamt vier) einen solchen Rauminhalt, daß sie bei aufgesessenem Fahrer nur bis zu etwa einem Viertel ihres Durchmessers eintauchen. Trotzdem erforderte ihre Bewegung — wie die aller Wasserfahrräder — einen erheblichen Kraftaufwand.

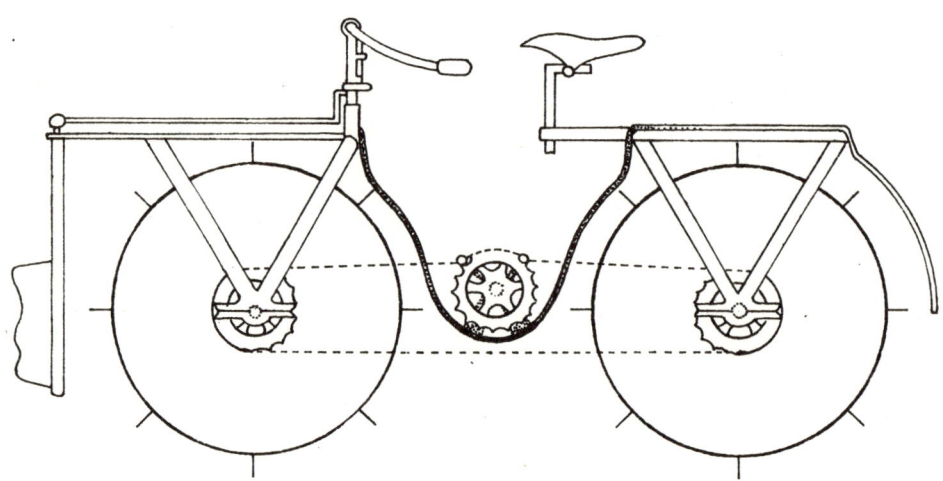

Wasserfahrrad mit »Zylinderrädern« um 1890

Eine Hundert-
jährige:
Fahrrad-Rikshah
1883

Quintuplet nannte man diesen Fünfsitzer um 1880

Die Fahrradrikshah, heute noch im Straßenbild mancher Länder zu sehen, ist nicht, wie oft behauptet wird, ein Attribut treibstoffarmer Zeiten. Sie kann bald auf ihren hundertsten Geburtstag zurückblicken.

Ob der über dem Straßenpflaster in »schwindelnder« Höhe thronende Chef einer Kolonne von Radfahrern (die Abbildung läßt an Polizisten denken) seine Autorität betonen oder nur die bessere Übersicht haben wollte, bleibt offen. Er würde heute mit seinem »Niveau über jeder Straßenlaterne« zahlreichen Kollisionen mit diversen Freileitungen ausgesetzt sein. Schon damals jedoch blieb rätselhaft, ob er sein Fahrzeug vom Boden aus erkletterte oder von einem Balkon aus bestieg. Der Gedanke, was ihm bei plötzlichem Bremsen widerfahren mußte, läßt uns schaudern ...

Wenn schon mehrere den gleichen Weg hatten, warum dann jedem *sein* Fahrrad? Die Beantwortung dieser Frage bescherte uns nicht nur das Tandem, sondern Mehrsitzer, die drei, vier oder fünf Personen transportieren konnten. Unser erstes Bild zeigt einen Fünfsitzer. Seine Länge entsprach etwa der eines LKW, sein Wendekreis war größer. Man fragt sich, wie damit enge und winklige Straßen befahren werden konnten.

Fahrrad als Rikshah und Zugmaschine

Sogar Zwölfsitzer existierten 1888

»Zwölf machen ein Dutzend«, dachten Experten der britischen Armee und ersannen einen Fahrradzwölfspänner, wobei man den Fahrern zutraute, sie würden einen Anhänger mit Ausrüstung oder ein leichtes Feldgeschütz ziehen können. Doch da militärische Unternehmungen nicht auf glatte Straßen beschränkt sind, blieb die menschliche Zugmaschine ohne jede Bedeutung.

Beim Zwölfspänner saßen die Fahrer zu zweit nebeneinander. Aber nicht nur hier trat das Nebeneinander an die Stelle des vom Tandem gewohnten Hintereinander. Man verband z. B. ein Herren- und ein Damenfahrrad durch ein Quergestänge, wobei sich noch Platz für Gepäck oder einen Kindersitz fand. Es gab Konstruktionen, bei denen ein dritter Passagier – nach hinten gewandt – mit*fahren* konnte, ohne mitzu*treten*, und nach 1920 bot man sogar Fahrräder mit Beiwagen an. Dem konventionellen Fahrrad, das wir und sicher noch unsere Enkel benutzen, konnte keines dieser Gefährte den Platz streitig machen.

10

«Navigare necesse est»

Schaufelradschiff in der Kyeser-Handschrift
Die rollende Fähre
Lokomotiven bewegen
Walzenschiff
Schiff mit Göpelantrieb
So wollte Bessemer gegen die Seekrankheit angehen
Wie man ohne Schaden durch die Brandung kommt

»Schiffahrt muß sein« — bei den Römern wurde zum geflügelten Wort, was man schon seit Jahrtausenden wußte. Wasserfahrzeuge, mochten sie noch so primitiv sein, waren die ersten Verkehrsmittel, Wasserwege die ersten glatten Straßen. Nicht zuletzt deshalb entstanden größere Siedlungen vor allem an Strömen und Flüssen.

Während des weitaus größten Teils ihrer Geschichte wurde die Schiffahrt durch Ruder und Segel beherrscht. Versuche, den Antrieb durch andere Hilfsmittel, z. B. durch Schaufelräder, zu bewerkstelligen, blieben in den ersten Anfängen stecken oder wurden erst gar nicht ausgeführt.

Die Dampfkraft brachte Wandel und vielerlei Experimente. Diese führten schließlich zum Ziel, auch wenn viele anfänglich nicht glauben wollten, daß »heißes Wasser« ein Schiff vorantreiben könne, und ein französischer Abbé als wichtigen Vorzug des von ihm konzipierten Dampfbootes unter anderem den nannte, daß man bei stilliegendem Schiff auf dem Kesselfeuer Essen bereiten könne.

»Es gibt zwei Übel, die auf einen Mann von Gemüt äußerst peinigend wirken: das eine ist eine zänkische Frau und das andere der Trieb, Dampfboote zu erfinden ...«

Dieser Stoßseufzer eines amerikanischen Dampfschiffbauers läßt keinen Zweifel: Leicht hatten es die Pioniere des Dampfschiffs gewiß nicht ...

Trotzdem setzten sie sich durch und widerlegten auch jenen Ge-

Schaufelradschiff in der Kyeser-Handschrift um 1410

Schiff mit Göpelantrieb um 500 v. u. Z.

lehrten, der noch nach 1830 behauptete, Dampfschiffahrt über den Ozean sei Unsinn, denn es könne nicht Aufgabe eines Schiffes sein, nur seinen eigenen Brennstoff über das Meer zu befördern.

Nachdem sich der Schraubenantrieb durchgesetzt hatte, wurde weiterhin auch mit anderen Schiffsformen und Antriebsarten experimentiert. Diese Versuche erbrachten nützliche Neuerungen, jedoch auch recht abwegige Konstruktionen.

Strömendes, bewegtes Wasser treibt Wasserräder. Müßten sich nicht umgekehrt Wasserräder gegenüber dem Wasser fortbewegen, wenn man sie antriebe? Wann dieser Gedanke erstmals aufblitzte, wissen wir nicht. Aber schon im Mittelalter tauchen Berichte über Schaufelradschiffe auf.

So fand sich in einer Handschrift der Donaueschinger Schloßbibliothek die Darstellung eines Einmann-Schaufelradschiffs. Dieses Schiff ist, wie man sieht, eine sehr robuste Konstruktion. Man muß den Schiffer bewundern, der das wuchtige Getriebe aus Zahnrad und Sprossenwalze samt den beiden ebenfalls recht kompakt anmutenden Schaufelrädern mit den Händen in Bewegung setzt.

Ob dies Schifflein je die Wellen durchfurchte, ist mehr denn fraglich. In China scheint man etwa zur gleichen Zeit ein ganzes Stück weiter gewesen zu sein. Dort wurden nach verbürgten Berichten bereits im 12. Jahrhundert Schaufelradschiffe gebaut. Treträder, von Gefangenen betätigt, lieferten die Antriebskraft. Dies war zweifellos eine technisch bessere Lösung als die der Donaueschinger Handschrift. Später soll es 200-t-Fahrzeuge mit solchem Antrieb und 800 Mann Besatzung gegeben haben. Demgegenüber erschei-

Schaufelradschiffe, durch Muskelkraft bewegt

nen 1540 in Spanien durchgeführte Versuche bescheiden, bei denen 40 Mann Handkurbeln drehen mußten, um ihr Fahrzeug voranzubringen.

Wollte man menschliche durch tierische Muskelkraft ersetzen, blieb zunächst einmal nichts anderes übrig als der Göpel. Sein Nachteil für die Schiffahrt: Er belegte einen großen Teil der Deckfläche für die im Kreis laufenden Zugtiere. Das hat jedoch Erfinder nicht davon abhalten können, solche Fahrzeuge — allerdings nur auf dem Pergament, später auf Papier — zu konstruieren. Das Bild, wahrscheinlich viel älter als die Darstellung von Donaueschingen, erweist es. Zum Glück kam wohl niemals ein Zugochse in die Gefahr, bei solcher Betätigung am Göpel seekrank zu werden.

Auf einen nun wirklich sehr außergewöhnlichen Gedanken verfiel zu Beginn des 19. Jahrhunderts der englische Ingenieur William Congreve (er erwarb sich unter anderem auch Verdienste um die Einführung der Gasbeleuchtung).

Vorschlag für ein durch Wellenschlag getriebenes Schiff

Die Meereswellen selbst sollten sein Schiff vorantreiben. Dazu waren seitlich am Rumpf zwei große Räder mit radial angeordneten und durch Ventile verschließbaren Kammern vorgesehen. Die jeweils obenliegenden Kammern sollten durch die Wellenberge gefüllt werden, sich durch das so entstehende Übergewicht nach unten drehen und sich im nächsten Wellental entleeren. Diese Drehbewegung sollte auf Schaufelräder übertragen werden, doch die so gewinnbare Energie hätte für den Vortrieb gegen den Wasserwiderstand niemals ausgereicht.

Ruder, Bretter, Stangen sollten »Dampfer« bewegen

Als hin- und hergehende Dampfmaschinenkolben die Armmuskeln der Ruderknechte zu ersetzen begannen, nahmen manche Erfinder diesen Wechsel etwas zu wörtlich. John Fitch (1743—1798; er war es übrigens, der sich so mißmutig über Dampfbooterfinder und zänkische Frauen äußerte) konstruierte in den USA ein Dampfboot, dessen Maschine über Hebelgestänge an jeder Längsseite sechs Ruder in Bewegung setzte. Das Fahrzeug leistete eine Zeitlang Fährdienste, mußte dann aber wegen zahlreicher und sich wiederholender Mängel aus dem Verkehr gezogen werden.

Ein weiterer Vorschlag Fitchs gelangte gar nicht erst zur Ausführung. Die Dampfmaschine sollte eine endlose Kette aus Schwimmbrettern oder Schwimmkörpern treiben, auf der sich der Schiffskörper wie ein Raupenfahrzeug über das Wasser bewegte.

Manche Techniker trauten weder dampfgetriebenen Rudern noch Schaufelrädern so recht. Ihre Schiffe sollten sich, wie wir es ähnlich schon bei der Lokomotive kennenlernten (vgl. S. 113), mit Stangen am Grund abstoßen. Eine Möglichkeit, die von vornherein nur für flaches Wasser bestand, aber auch deshalb nicht realisierbar war, weil der Grund von Gewässern kein ebenes, hartes Brett ist. Die bei Muskelantrieb nahezu unbewußte »Regelung durch Nachgreifen« an der Stakstange konnte die Dampfmaschine nicht nachvollziehen.

Modern hingegen mutet an, daß man bereits in der Anfangszeit der Dampfschiffahrt mit »Reaktionsschiffen« experimentierte, mit Wasserfahrzeugen also, die durch den Rückstoß des nach hinten ausgestoßenen Wassers vorwärtsbewegt werden sollten.

Erfolg hatte als erster der Nordamerikaner J. Rumsey. Der Rückstoß für sein Boot wurde durch eine Kombination von Saug- und Druckpumpe mit einer Dampfmaschine als Kraftquelle erzeugt. Das Schiff fuhr zwar, war aber für den praktischen Einsatz zu langsam. Trotzdem wurden im 19. Jahrhundert bisweilen, auch in Deutschland, Reaktionsschiffe gebaut. Selbst heute taucht der Gedanke in Abständen erneut auf, und manche Fahrzeuge für Sonderzwecke sind mit »Wasserstrahlantrieb« ausgerüstet.

Der Gedanke, Schiffe nicht *im* Wasser und gegen dessen erheblichen Widerstand voranzutreiben, sondern an der Oberfläche gleiten oder rollen zu lassen, hat Erfinder wohl immer stimuliert — von Räder- und Walzenschiffen des 19. Jahrhunderts bis zu Luftkissen- und Tragflügelfahrzeugen unserer Tage.

Räder- und Walzenschiffe

Die Abbildung zeigt eine rollende Fähre, die um 1890 auf einer französischen Werft gebaut wurde. Eine ausgedehnte Plattform trägt Passagier-, Fracht-, Maschinenräume usw. Sie kommt mit dem Wasser überhaupt nicht in Berührung, sondern wird von 8 riesigen, hohlen Rädern getragen, deren Achsen unter der Plattform verlaufen. Die Räder und zwei zusätzliche Schiffsschrauben zur Vorwärtsbewegung und zum Manövrieren werden von Dampfmaschinen auf der Plattform in Bewegung gesetzt.

Die rollende Fähre 1890

Das Räderschiff war keineswegs »das Letzte«. Ein Vorschlag aus den USA **(1895)** stellt es weit

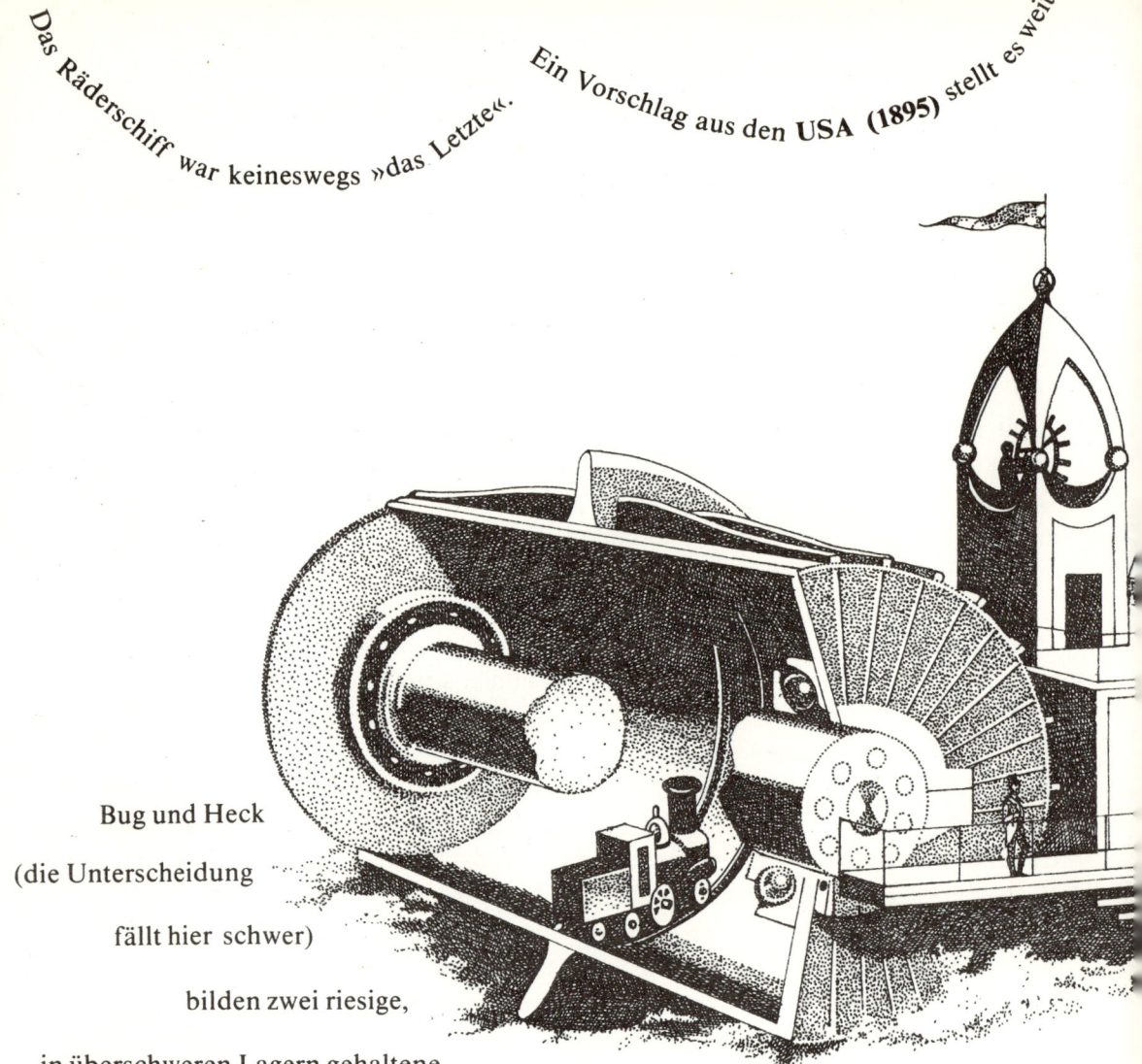

Bug und Heck (die Unterscheidung fällt hier schwer) bilden zwei riesige, in überschweren Lagern gehaltene und **drehbare Hohlwalzen**. Sie sind zunächst einmal tragende **Schwimmkörper** für die Plattform. Außerdem aber dienen sie der Vorwärtsbewegung. Zu diesem Zweck sind sie auf der Außenseite mit langgestreckten **Schaufeln** bestückt und werden in Drehung versetzt; Reisegeschwindigkeiten bis zu der eines Schnellzuges würden sich so, meinte der Erfinder, erreichen lassen. Zum Antrieb der Walzen hatte er sich etwas ganz Besonderes ausgedacht. Sie sollten wie überdimensionale **Treträder** funktionieren, allerdings mit »maschinellem Treten«. Dazu waren auf den Walzeninnenflächen **Schienenringe** angebracht.

in den Schatten: das »**Walzenschiff**«. Auch bei ihm finden sämtliche Schiffsräume, Aggregate und Einrichtungen auf einer Plattform über der Wasseroberfläche Platz.

Lokomotiven
bewegen
Walzenschiff
1895

Auf diese sollten fest installierte **Lokomotiven** gesetzt werden, die den Schienenkranz unter sich drehten. Sie sollten elektrisch angetrieben werden, was der Erfinder dem Zeichner offenbar nicht gesagt hat; denn im Bilde ist eine Dampflokomotive dargestellt. Gleichgültig aber, ob Strom oder Dampf, gefahren wäre das Walzenschiff auf diese Weise wohl kaum, und wenn — wie sollte es gesteuert werden, wie sich stabil im Seegang behaupten? Die Vorstellung des Erfinders, »den Atlantik erschütterungsfrei und im Schnellzugstempo« zu durchmessen, blieb eine Wunschvorstellung.

Binnenschiffe an der Oberleitung

Wenige Jahre vorher hatte man sogar Konstruktionselemente aus Luftfahrt, Schienenverkehr und Schiffahrt kombiniert, um Binnenschiffe ohne große konstruktive Veränderungen für Eigenantrieb nachzurüsten. Einem normalen Frachtkahn wurde eine Luftschraube aufmontiert. Ein Elektromotor setzte sie über ein Getriebe in Bewegung. Die Stromzuführung erfolgte wie bei der Straßenbahn. Eine Oberleitung führte am Ufer entlang. Eine flexible Kabelverbindung zog daran Stromabnahmerollen oder Stromabnahmewägelchen entlang, wie sie auch bei elektrischen Bahnen Verwendung fanden. Zwar gestattete die Kabelverbindung in gewissem Umfang seitliches Ausweichen, der Abstand zum Ufer mußte keineswegs starr eingehalten werden; Überholen und Gegenverkehr jedoch waren bei diesem System ausgeschlossen (es sei denn, man hätte beide Ufer mit Oberleitungen bestückt). Auch stellten der Propellerwind und das Geräusch der notwendigerweise großen Luftschraube eine sehr unangenehme Beigabe dar. Weil vor allem der Wirkungsgrad der Anlage sehr niedrig war, wurde es um diesen Vorschlag schnell wieder ruhig. Das bewährte Treideln – gegebenenfalls mit »elektrischen Mulis« – blieb einfacher und in der Anwendung flexibler. Versuche, eine Schiffsschraube mit Strom vom Ufer her elektrisch anzutreiben, wurden niemals ernsthaft diskutiert.

Begeben wir uns wieder auf See, diesmal in Küstennähe. Heil

Propeller-Elektroantrieb für Binnenschiffe 1889

Wie man ohne Schaden durch die Brandung kommt 1879

durch die Brandung zu kommen ist, wie jeder in Abenteuerliteratur Bewanderte weiß, auch mit speziellen, flach gebauten Brandungsbooten alles andere als einfach. Ein Mister Tucker aus den USA wollte dieser Schwierigkeit auf neue Art begegnen. Sein Brandungsboot ist im wesentlichen ein mit Luft unter hohem Druck gefüllter, linsenförmiger Hohlkörper. Zahlreiche Kielflossen, schräg gegen die Fahrtrichtung geneigt, und über ihnen angebrachte und von Deck aus einstellbare Bodenventile sind die ganze »Maschinerie«. Aus den Ventilen strömende und durch die Flossen umgelenkte Luft aus dem Bootskörper treibt das Brandungsboot voran. Sein Tiefgang ist sehr gering, die Kreisform soll gute Lagestabilität garantieren.

Wenden wir uns in einem kurzen Abschnitt der Seefahrt »in verkleinertem Maßstab« zu. Eine Rummelplatz- und Vergnügungsparkattraktion besonderer Art war ein als (Kriegs)Schiff ausgebildeter Vorläufer des Autoscooters unserer Tage. Er ließ sich nicht nur steuern, sondern konnte überdies Platz- und Rauchpatronen aus Bordgeschützen abfeuern. Gegen geringes Eintrittsgeld durfte jedermann seine private Seeschlacht führen (unwillkürlich drängen sich Vergleiche mit heute in manchen Ländern verbreiteten Spielautomaten auf). Kaiser Wilhelm II., in dessen Großmachtplänen der Kriegsmarine eine entscheidende Rolle zugedacht war, soll helle Freude über die dadurch möglichen »patriotischen Spiele« ausgedrückt haben. Technisch interessant an diesem merkwürdigen

Seeschlacht auf dem Rummelplatz

Schiffsmodelle als Vorläufer des Autoscooters 1899

Spielzeug ist lediglich, daß der Antrieb über einen von Akkumulatoren gespeisten Elektromotor erfolgte wie später bei der Tauchfahrt von Unterwasserfahrzeugen.

Schiffe schlingern, rollen, stampfen — unangenehme, mitunter gefährliche Erscheinungen. Man hat oft versucht, ihnen diese Unart auszutreiben. Schlingertanks, Schlingerkiele und Stabilisierungskreisel brachten Abhilfe, konnten das Übel aber nicht beseitigen. Schon im vergangenen Jahrhundert versuchte man daher, wenigstens einer Folgeerscheinung des Schwankens beizukommen, der Seekrankheit. Manchen verschont sie, mancher bekommt sie immer wieder, und auch wetterharte Seebären sind nicht in jedem Falle gegen sie gefeit. Es gibt tausend und mehr »todsichere« Rezepte und Mittel gegen die Seekrankheit. Sie haben alle eines gemeinsam: Nachweislich geholfen hat noch keines, auch nicht die pharmazeutisch gewiß einwandfreien Pillen gegen »Reisebeschwerden jeder Art«.

Techniker bekämpften die Seekrankheit mit ihren Methoden:

»Da Seekrankheit von den unregelmäßigen Schiffsbewegungen verursacht wird, muß man diese unwirksam machen.«

So ihre im Prinzip richtige Meinung und dementsprechend ihre Lösungsversuche, deren etwaige Erfolge allerdings vor allem zahlenden Passagieren zugute kommen sollten. Man fing bescheiden an, indem man Passagierkojen oder -betten ebenso kardanisch lagerte wie beispielsweise den Schiffskompaß. Die so aufgehängten Ruhelager glichen jedoch die Schiffsschwankungen nicht nur nicht

Technik kontra Seekrankheit

aus, sondern gerieten obendrein ins Schaukeln oder Pendeln, nicht zur Freude der Benutzer.

Der Engländer Newell ging einen erheblichen Schritt weiter. Das wichtigste Kabineninventar — Betten, Tisch, Stühle usw. — wurde auf eine schüsselähnliche und gepolsterte (!) Unterlage geschraubt und in die kardanische Lagerung einbezogen. Pendelbewegungen wurden durch zusätzliche Federn gedämpft. Das Resultat war in der Tat verblüffend. In den nur noch wenig schwankenden Kabinen wurden die Passagiere seekrank wie eh und je. Offenbar reagierte der Magen auf die Relativbewegung zwischen festen und beweglichen Raumteilen. Mit anderen Worten: Für ihn war es dasselbe, ob sich die Kabinendecke gegenüber dem Bett oder das Bett samt Passagier gegenüber der Kabinendecke bewegte.

Kardanische Lagerung mag manchem Erfinder zu umständlich erschienen sein. Ebenfalls ein Engländer fand, wie er glaubte, sozusagen das Ei des Kolumbus: Die Flüssigkeitsoberfläche in einer Schüssel bleibt bei nicht zu schnellen Bewegungen und Beschleunigungen waagerecht, demnach auch ein auf ihr schwimmender Körper. Also könnte man das Bett oder besser die ganze Kabine auf einen Schwimmkörper und diesen in eine mit dem Schiffskörper

So wollte Bessemer gegen die Seekrankheit angehen 1874

verbundene, mit Wasser oder Quecksilber (!) gefüllte Riesenschüssel setzen, fertig! Schade, daß niemand dem Erfinder Mittel für einen Großversuch zur Verfügung stellte — welch eine gewaltige Schwapperei und Plantscherei wäre das geworden ...

Henry Bessemer (1813–1898) zählt zu den vielseitigsten und erfolgreichsten Erfindern. Nicht nur die Stahlkocher verdanken ihm viel, unter seinen rund 120 Patenten befinden sich außerdem solche auf Samtpressen, Setzmaschinen, auf das Pressen von Schreibminen aus Graphitpulver, auf eine Zuckerrohr- sowie auf eine Brikettpresse, einen Glasschmelzofen und mehrere militärtechnische Erfindungen. Eine Kanalüberfahrt, bei der ihm die Seekrankheit übel mitspielte, soll ihn angeregt haben, sich mit Fragen der Schiffsstabilisierung zu befassen. Er ließ nach Vorversuchen mit Holzmodellen ein Schiff ausbauen, dessen sämtliche Passagierräume (»einschließlich Salon«) beweglich gelagert waren. Durch eine von Libellen gesteuerte hydraulische Einrichtung sowie durch einen massiven, dampfgetriebenen Kreisel wurden die Räume annähernd waagerecht gehalten. Während der Probefahrten kam es an einer Hafeneinfahrt zu einer Havarie. Obwohl er schon erhebliche finanzielle Mittel investiert hatte, gab Bessemer seine Versuche auf. Aber auch sonst wäre seiner Erfindung eine größere Verbreitung wohl versagt geblieben. Allein die schwierigen Trennstellen zwischen bewegten und ruhenden Schiffsteilen mit Rohrleitungen, Kabeln, Treppen usw. wären kaum oder nur unter unverhältnismäßig großem Aufwand zu bewältigen gewesen.

Zeitgenossen und Nachfolger Bessemers, die sich mit der gleichen Frage beschäftigten, kamen ebenfalls nicht zum Ziel. So ist es heute wie seit Anbeginn der Seefahrt: Neptun fordert seine Opfer und wählt sie sich nach einem »System« aus, das kein Sterblicher bisher durchschaute.

Nutzlos waren die Überlegungen und Arbeiten Newells, Bessemers und all der anderen trotzdem nicht. Die (kreisel) stabilisierte Plattform, die ihre Lage im Raum stets beibehält, hat sich für eine Fülle technischer Aufgaben in Schiffahrt, Raumfahrt, Meß- und Militärtechnik als unentbehrliches Hilfsmittel erwiesen.

11

Entwurf eines Schreitmobils

Im Einsatz: der Schreitbagger

Windwagen von L'Eoliennes

Windwagen nach Selzingers Tagebuch

Der Segeltanker — ein neuer Weg?

Flettners Rotorschiff

Fahrrad mit Flettner-Rotor

Hubschrauber, von
Leonardo da Vinci vorgeschlagen

Eine recht naive Vorstellung
vom Hubschrauber

Auch dieses Gestell sollte fliegen

STELZEN, *SEGEL* UND ROTOREN

Das Rad gilt als eine der ältesten und zugleich weitestreichenden Erfindungen. Es ist eines der unentbehrlichsten Elemente im Maschinenbau und Voraussetzung für den Stadt- und Landverkehr. Kaum jemand denkt sich etwas dabei, daß die belebte Natur als Fortbewegungsinstrument Beine bevorzugt.

Ist die rollende der schreitenden Bewegung wirklich so überlegen? Ein Rad braucht stets eine Fahrbahn, und sei sie noch so primitiv. Tiere und Menschen sind besser dran. Für Räder unüberwindliche Hindernisse übersteigen wir mühelos. Selbst durch Gelände, in dem kein Rad mehr durchkäme, können wir uns, wenn auch mühsam, vorwärts bewegen.

Müssen Bagger oder Baugroßmaschinen unbedingt ein *Fahr*werk haben? Wären sie mit einem *Schreit*werk dem Boden nicht besser anzupassen? Wissen wir, ob die Oberflächen anderer Himmelskörper so beschaffen sind, daß Fahrzeuge wie das Mondmobil »Lunochod« dort überhaupt Sinn haben? Wäre auch auf der Erde ein schreitendes Forschungswerkzeug nicht für viele Zwecke beweglicher als ein Wagen?

Segeln, sei es mit dem Boot, sei es mit dem Segelwagen, ist heute in erster Linie Sport. Könnte das Segelschiff in moderner Gestaltung und Technik nicht eine Renaissance als Transportmittel erleben? Manche Techniker sind davon überzeugt. Versuchsergebnisse stützen diese Überzeugung.

Will man auf Räder und Beine verzichten, ist es vor allem die »Flugschraube«, die jeder mit sich führen könnte, die seit Jahrhunderten die Gemüter bewegt. An Projekten und Versuchen für einen solchen Minihubschrauber hat es nicht gefehlt. Bisher blieb ihnen der Erfolg versagt. Der Einmannhubschrauber im Rucksack harrt noch immer (vielleicht für immer) seiner Verwirklichung.

»Beine« an Transportmitteln sind uns in den vorausgegangenen Kapiteln schon begegnet: bei Lokomotiven, die sich vom Boden, bei Booten, die sich vom Flußgrund abstießen. Sie entsprangen weniger dem Bestreben, Rad, Ruder oder Schraube zu übertreffen, sondern der – wie sich bald zeigte – grundlosen Befürchtung, diese würden als Antrieb für größere Massen oder Geschwindigkeiten nicht ausreichen.

Erst in jüngster Zeit machte erneut eine Kombination Rad – Bein von sich reden, wenn auch mit anderer Zielsetzung. In der Schweiz experimentierte man mit einem Geländewagen, der seine Räder, unabhängig voneinander, um etwa einen halben Meter ein- oder ausfahren und sich so dem Boden anpassen konnte. Stieß ein Rad auf ein Hindernis, wurde es zur Überwindung angehoben. Zum Reifenwechsel hob das Fahrzeug einfach das »beschädigte Bein«.

1979 stellten sowjetische Wissenschaftler und Techniker das Modell eines »computergesteuerten Schreitmobils« ohne Räder vor. Bei den Gliedmaßen hat man von den Insekten gelernt: Drei Paare jeweils dreigliedriger Beine werden so bewegt, daß immer drei ein Standdreieck auf dem Boden bilden (ein dreibeiniger Tisch wackelt bekanntlich nicht). Die Beinbewegung wird so gesteuert, daß z. B. zwei linke und ein rechtes Bein bzw. ein linkes und zwei rechte Beine sich auf den Boden stützen, während die anderen vorgreifen. Die Steuerung der in sich beweglichen Glieder erfolgt zusätzlich so, daß der Rumpf des Schreitmobils stets waagerecht bleibt. Sensoren erkennen Hindernisse und tasten das vor dem Schreitmobil liegende Gelände ab. Aus den Werten ermittelt der Bordcomputer einen günstigen Kurs für die Wegstrecke vor dem Gerät, er sucht sich gewissermaßen den Weg selbst aus, auch durch Sand, Schnee, Geröll oder über den Meeresboden. Wie ein solcher schreitender Computer aussehen könnte, zeigt die Abbildung.

Schreitzeuge, manchmal Fahrzeugen überlegen

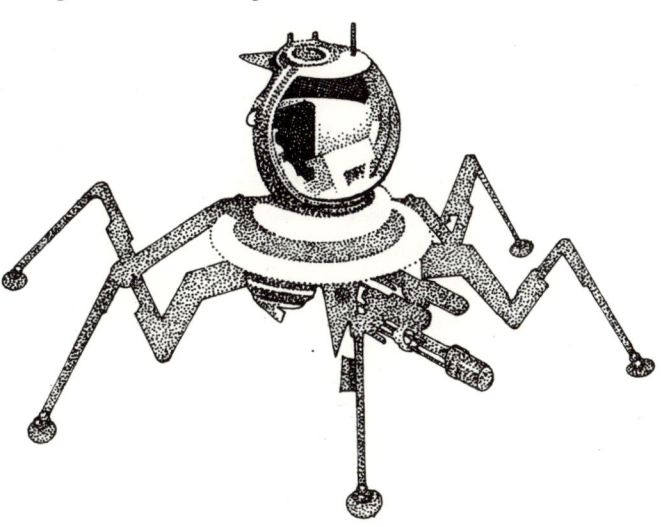

Für bemannte Schreitgeräte wäre eine vollständige Computersteuerung in manchen Fällen entbehrlich; nicht jedoch für unbemannte Forschungsgeräte, die fern der Erde arbeiten sollen. Die Steuerung von einem irdischen Kontrollzentrum aus, etwa auf der Grundlage der vom Schreitmobil übertragenen Fernsehbilder, scheidet wegen der langen Signallaufzeit aus. Ein Schreitmobil, das sich etwa auf einem Nachbarplaneten einer Bodenspalte gefährlich näherte, wäre mit großer Wahrscheinlichkeit abgestürzt, ehe die Ankündigung der drohenden Gefahr die Erde auch nur erreichte, geschweige denn ein Funkbefehl ihr begegnen könnte.

Entwurf eines Schreitmobils 1979

Solche Schreitmobile müssen weitgehend selbständig agieren können, ihre Programme möglichst viele Situationen und das Reagieren darauf einschließen.

Obgleich wesentlich größer als Schreitmobile für Forschungszwecke, kommen Schreitbagger, die beispielsweise beim Ausbaggern von Hafeneinfahrten und Kanälen Schwimmbagger ersetzen sollen, mit etwas unkomplizierteren Steuerungseinrichtungen aus. Ein holländisches Aggregat, dessen Plattform immerhin über 100 m x 68 m groß ist und das je Stunde bis zu 4 000 m³ fördert, wurde mit acht Beinen — ähnlich denen einer Bohrinsel — ausgestattet. Die vier »Innenbeine« sind Standbeine und können nach oben und unten bewegt werden. Die Außenbeine dienen als Bewegungsbeine. Sie werden, wenn der Bagger voranschreiten soll, schräg voraus auf den Meeresboden gesetzt. Daraufhin werden die Standbeine angehoben und die Bewegungsbeine in die Senkrechte geschwenkt, wobei sie die Plattform nachziehen. Vorwärtsschritte von 3 m und Seitwärtsschritte von 1,5 m sind möglich. Bei einem Standortwechsel werden alle Beine eingezogen; der Bagger schwimmt auf Pontons, wobei der Antrieb durch zwei Schraubenpaare an Heck und Vorderende erfolgt.

Segelschiffe mußten Segelfahrzeuge geradezu nach sich ziehen. So brachte man beispielsweise schon lange vor unserer Zeitrechnung in China an Schubkarren zusätzlich ein Segel an.

Wind- oder Segelwagen sollten ausschließlich mit Windkraft fahren. Die meisten Segelfahrzeuge entstanden durch Umsetzen der vereinfachten Takelage eines Seglers auf ein Fahrgestell, das entweder eigens konstruiert oder einem bereits vorhandenen Wagen nachgebaut wurde. Von Leichtbauweise konnte dabei, zumindest

Segler auf Straßen und Schienen

Im Einsatz: der Schreitbagger 1978

anfänglich, noch keine Rede sein, wie der in einer Schrift von 1599 abgebildete Windwagen recht deutlich zeigt. Meistens werden die windgetriebenen Fahrzeuge am Meeresufer dargestellt. Man wollte damit keineswegs nur die Verwandtschaft zwischen Segelschiff und -wagen demonstrieren. Vielmehr ist der Meeresstrand mit reichlichem Windangebot und vielerorts auch glatter und sehr breiter Fahrbahn für solche Versuche und Fahrten gut geeignet. So taten sich denn auch die Holländer besonders in der Konstruktion von Segelwagen hervor. Sie erreichten mit einem Dutzend Passagieren immerhin Geschwindigkeiten von über 30 km/h!

Versuche mit Segelwagen erstrecken sich, wie der Wagen von L'Eoliennes (1834) erweist, bis in die Zeit der ersten Eisenbahnen. Probefahrten mit der Kutsche unter Segeln gelangen zwar, doch zeigte sich gerade hier, wie unpassierbar mitunter der Weg vom Experiment zur praktischen Nutzung ist. Für Passagierverkehr auf den gewundenen, von Bäumen gesäumten Landstraßen Frankreichs war der Wagen völlig ungeeignet.

Auf langen, geraden Bahnstrecken in den USA erprobte man ebenfalls Windantrieb und rüstete Loren mit Masten und Segeln aus. Doch der Aufwand stand in keinem Verhältnis zum Erfolg. Als nützlicher erwiesen sich Draisinen, deren Arm- oder Fußantrieb durch Segel unterstützt wurde.

Was den Engländer Pocock 1826 bewegt haben mag, einen Wagen von Drachen ziehen zu lassen, bleibt unklar. Das Gefährt soll

Windwagen nach Selzingers Tagebuch 1599

mit drei Personen die »Geschwindigkeit eines trabenden Pferdes« erreicht haben. Übrigens war noch ein viertes Lebewesen mit von der Partie: Für windstille Zeiten fuhr ein Pony als »Hilfsmaschine« mit.

Bei Segelwagen störte die Abhängigkeit von der Windrichtung weit stärker als bei Segelschiffen. Bereits im 17. Jahrhundert wurde deshalb vorgeschlagen, statt der Segel ein waagerecht laufendes und so von der Windrichtung unabhängiges Windrad einzusetzen und die Drehung auf die Räder zu übertragen. Man dachte sogar an einen Bagger, der durch Windantrieb nicht nur vorrücken, sondern dabei noch einen Graben ausheben sollte.

Renaissance der Segelschiffe?

Ist der »große« Segler für immer von den Weltmeeren verschwunden? Vor zwei Jahrzehnten hätte man diese Frage wohl ohne Zögern mit »Ja« beantwortet. Heute melden sich eindringlich anderslautende Stimmen zu Wort. Nicht zuletzt die Notwendigkeit, mit Treibstoff sparsam umzugehen, hat die für die Hochseeschifffahrt kaum noch genutzte Energie der strömenden Luft wieder interessant werden lassen. Selbstverständlich denkt dabei niemand an ein Comeback der Windjammer mit vielköpfiger, hart beanspruchter Besatzung, Bewegungslosigkeit in Flauten und Gefährdung durch Stürme.

Das Segelschiff von morgen wäre ein Segel-Motor-Schiff, bei dem sich Maschine und Segel effektiv ergänzen, gegebenenfalls aber auch für sich allein das Schiff in Fahrt halten können. Servo-

Windwagen von L'Eoliennes 1834

motoren übernähmen die Segelmanöver. Die Steuersignale erhielten sie von einem Bordrechner, der aus Windrichtung und -stärke, Strömungsverhältnissen usw. stets den optimalen Anstellwinkel der Segel, die Segelfläche und ökonomischste Motorleistung bestimmte. Die Besatzungsstärke überträfe die eines äquivalenten Motorschiffs nicht. Inzwischen begannen solche Vorstellungen, Gestalt anzunehmen. Forschungsinstitute, Konstruktionsbüros und Reedereien befassen sich mit Versuchen am Modell und in natürlicher Größe.

1980 schon war in japanischen Gewässern ein derartiges Fahrzeug unterwegs: der 700-BRT-Tanker »Shin-Aitoku-Maru«. Äußerlich ähnelte er einem Segelschiff mit Rahen und dem verwirrenden Anblick der Takelage nur wenig. Ihre Stelle nahmen zwei jeweils fast 120 m² große und an Metallrahmen befestigte Kunststoffsegel ein. Als Maschine wurde ein 1200-kW-Dieselmotor eingebaut. Acht Mann Besatzung waren an Bord. Die Resultate waren günstig. Bei Windgeschwindigkeiten um 50 km/h legte der Segeltanker in der Stunde fast 15 sm (27,8 km) nur unter Segeln zurück. Bei Fahrt unter Segeln und mit Motor wurde gegenüber einem Motorschiff gleicher Größe etwa die Hälfte an Treibstoff gespart. Das spornte zu weiteren Untersuchungen an. Als ungefähr im Maßstab 1:15 verkleinertes Modell eines Supertankers wurde in Japan das Segel-Motor-Schiff »Daio« für systematische weitere Versuche in Betrieb genommen. Es wurden unter anderem verschiedene Segelmaterialien und -formen, aber auch Steuerungsverfahren erprobt. In Großbritannien wurde ein Küstenmotorschiff zum Segel-Motor-Schiff umkonstruiert. In der Sowjetunion experimentiert man mit einem Erztransporter, während Fachleute alte Segelhandbücher und -karten kritisch sichten und unter heutigen Bedingungen und Erkenntnissen auswerten.

Kein Verkehrspolizist bliebe ruhig, begegnete ihm das skizzierte Fahrrad. Schon um 1890, als dieses merkwürdige Gefährt vorgestellt wurde, wäre es für den Straßenverkehr kaum das Richtige gewesen.

Das Rotorfahrzeug blieb ein mißglückter Versuch

Die Konstruktion stellt einen Versuch dar, Radfahren durch Ausnutzen der Windenergie weniger kraftaufwendig zu machen. Grundlage hierfür bildete der um die Mitte des 19. Jahrhunderts entdeckte und nach dem Physiker H. G. Magnus (1802—1870) benannte Effekt, der unter anderem an fliegenden Geschossen und Bällen beobachtet worden war.

Jeder runde, rotierende Körper — sei es eine Walze, ein Ball usw. — »reißt« die Luftteilchen nahe seiner Oberfläche mit, es entsteht eine Strömung in Oberflächennähe und Drehrichtung. Wird der

Fahrrad mit
Flettner-Rotor
um 1890

Körper außerdem von einer Luftströmung angeblasen, haben auf einer Körperseite Oberflächenströmung und Luftströmung gleiche, auf der anderen Körperseite einander entgegengesetzte Richtung. Im Endergebnis entsteht auf einer Seite Sog, auf der gegenüberliegenden Stau; am Körper tritt eine zusätzliche Kraft quer zur Richtung der anströmenden Luft auf. Stellen wir z. B. einen rotierenden Zylinder senkrecht in Nordwind, sucht er je nach seiner Drehrichtung nach Osten oder Westen auszuweichen.

Beim Fahrrad sollte der Magnuseffekt zusätzliche Antriebskraft liefern. Dazu drehte sich ein Blechzylinder über dem Vorderrad. Er war mit diesem durch ein Reibrad gekuppelt. Bei Seitenwind entstand in der Tat die erwünschte vorwärts treibende Kraft – allerdings nur, sofern es von der richtigen Seite wehte, andernfalls wirkte die Zusatzkraft entgegen der Fahrtrichtung. Bei schrägseitlichem Windeinfall war das Ergebnis kaum nennenswert. Auch durch einen Schlängelkurs des Fahrers ließ sich daran nichts ändern. So rollte das Rotorfahrrad sehr bald für immer in seine Werkstatt zurück.

Erfolgversprechender ließen sich Versuche mit dem »Rotorschiff« an. Sie gehen hauptsächlich auf Anton Flettner zurück, der damit 1924 an die Öffentlichkeit trat. Bei Überlegungen, wie man die Geschwindigkeit von Segelschiffen z. B. durch leicht bedienbare Metallsegel erhöhen könne, war er auf Experimente zum Magnuseffekt gestoßen, die man in der Göttinger Aerodynamischen

Versuchsanstalt unternommen hatte. Sie regten Flettner zu Versuchen mit Schiffsmodellen an, die statt der Segel einen oder mehrere elektrisch angetriebene und senkrecht stehende Blechzylinder als Rotoren trugen.

Die Ergebnisse waren so ermutigend, daß Flettner darangehen konnte, ein seegehendes Schiff auf Motorantrieb umzurüsten. Unterstützung fand er dabei durch die Hamburg-Amerika-Linie und durch den Krupp-Konzern. Als für den Umbau geeignet wurde der mit einem Hilfsmotor ausgestattete Segelschoner »Buckau« gewählt. Das Schiff bot anschließend eine recht ungewohnte Ansicht. Sie wurde von den übergroßen schornsteinähnlichen Rotoren an Bug und Heck beherrscht. Diese waren 15,6 m hoch und hatten einen Durchmesser von 2,8 m. Trotzdem betrug ihre Wandstärke nur 1 mm. Stützgerüste für die Zylinder, die Lagerung und jeweils ein 11-kW-Elektromotor waren im Innern der Rotoren untergebracht. Abgeschlossen wurden diese durch Platten etwas größeren Durchmessers. Der übergreifende Rand verbesserte die Strömungsverhältnisse und erhöhte so den Wirkungsgrad erheblich. Rotordrehzahlen bis zu 120 U/min waren einstellbar, außerdem konnte die Drehrichtung jedes Rotors für sich umgesteuert werden. Ein einfaches Steuerpult genügte zur Schiffsbedienung.

Probefahrten verliefen günstig. Bereits bei schwachem Wind

Flettners »Buckau«

Flettners Rotorschiff 1924

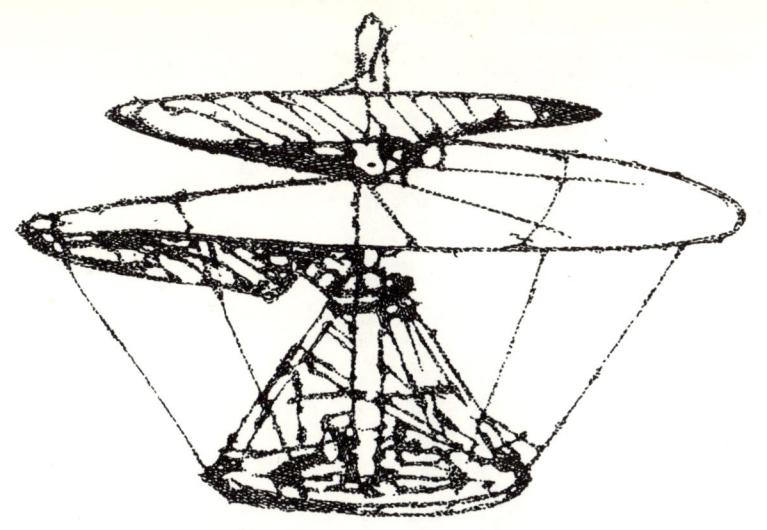

Hubschrauber, von Leonardo da Vinci vorgeschlagen um 1500

nahm die »Buckau« Fahrt auf. Messungen und Berechnungen ergaben, daß den Luftströmungen bis zu 700 kW »abgezapft« werden konnten. Auch gegenüber Böen verhielt sich die »Buckau« recht stabil. Sie konnte außerdem durch Umkehrung der Drehrichtung beider Rotoren »rückwärts segeln« bzw. durch Gegenläufigkeit beider Rotoren auf der Stelle wenden. An Geschwindigkeit übertraf sie im Bereich der häufigsten Windstärken konventionelle Segler gleicher Größe. Die Bedienung beschränkte sich im wesentlichen auf die Steuerung der Elektromotoren und der Hilfsmaschine, die jetzt den elektrischen Generator antrieb.

Trotzdem konnte die »Buckau« nicht mit den in raschem Vordringen begriffenen Motorschiffen konkurrieren. Gleiches widerfuhr der wenige Jahre später in Dienst gestellten dreirotorigen »Barbara«.

Für Flugschrauben und die aus ihnen hervorgegangenen Hubschrauber hatte die Natur mit Samen, die rotierend weite Strecken im Flug zurücklegen, Modelle in reicher Auswahl vorgeführt.

Der Gedanke drängte sich auf: Wenn man dafür sorgte, daß dieser Flug nicht durch natürliche Rotation im Luftstrom und durch die Schwerkraft, sondern durch eine zusätzliche Antriebsquelle für die Drehbewegung gefördert würde, müßte man schweben, aufsteigen und sich fliegend fortbewegen können. Flugschrauben als Kinderspielzeug, z. B. aus einem Korken mit speichenartig eingesteckten Federn bestehend und mit Antrieb durch verdrilltes Gummiband, bestätigten diese Ansicht. Wie dornenvoll und lang jedoch der Weg zur technischen Verwirklichung dieses Gedankens in größerem Maßstab war – viel schwieriger als derjenige zum Vogelflug –, ahnte nicht einmal Leonardo da Vinci, dem wir eine der ersten Flugschraubenskizzen verdanken.

Flugschrauben – Ahnen des Hubschraubers

Eine recht naive Vorstellung vom Hubschrauber 1888

Eine leinwandbespannte Schraubenfläche, durch Muskelkraft bewegt, sollte das Fliegen ermöglichen. Leonardos Hubschrauber blieb eine Wunschvorstellung und teilte damit das Schicksal vieler Vorschläge aus späterer Zeit. Nicht selten lassen diese erkennen, daß ihre Urheber es wohl für unter ihrer Würde hielten, sich zuvor mit physikalischen und technischen Grundgesetzen zu beschäftigen. Der Erfinder des »an Einfachheit nicht zu überbietenden Luftfahrrades« aus dem Jahre 1888 (!) wurde von den meisten ausgelacht. »Einfach« war das Gerät mit seinen zwei Kegelrädern und Pedalen für die Flugschraube — aber das war auch sein einziger Vorzug. Der Auftrieb war viel zu gering. Selbst wenn er ausgereicht hätte, wäre die Freude des fliegenden Radfahrers

Auch dieses Gestell
sollte fliegen
1885

gering gewesen, weil er sich damit hätte abfinden müssen, fortwährend gegensinnig zur Luftschraube um die Vertikale zu rotieren. Die physikalische Begründung hierfür gehört heute zum Schulwissen. Sie zwingt auch bei »richtigen« Hubschraubern zu technischen Kunstgriffen, z. B. zum bekannten kleinen Steuerpropeller am Heck oder zu zwei gegenläufigen Rotoren.

Reicht eine Flugschraube nicht aus, könnten es vielleicht mehrere tun, meinten manche Erfinder. Diese ersannen Hubschrauberungetüme mit fast 60 Rotoren. Sie erhoben sich ebensowenig in die Luft wie das abgebildete »fliegende Gestell«, das fast aussieht, als sei es aus Teilen eines zerlegbaren Montagegerüsts, einer Nähmaschine und eines Fahrrades zusammengebastelt.

Der Pilot wird voll beansprucht. Die Füße treten Pedale für zwei paddelähnliche Luftschrauben zur Aufwärtsbewegung bzw. zum In-der-Luft-Bleiben. Die rechte Hand dreht eine Kurbel, die wiederum mit einer Luftschraube für den Vortrieb verbunden ist. Die linke Hand steuert einen Druckluftmotor. Er setzt vier Schrauben auf senkrechten Wellen in Bewegung. Sie liefern den Hauptteil des Auftriebs.

Die Druckluft, auf zweihundertfachen Atmosphärendruck verdichtet, ist in zwei Kesseln gespeichert und soll für mehrere Flugstunden reichen (länger hielte es der Pilot auf seinem Fahrradsattel ohnehin nicht aus). Allerdings hätten die blechbüchsenähnlichen Behälter diesem Druck nicht standgehalten; außerdem meinten selbst wohlgesonnene Zeitgenossen, die »Schrauben seien wohl etwas klein geraten«.

Der Gedanke, getrennte Schrauben bzw. Rotoren für Aufwärts- und Vorwärtsbewegung einzusetzen, geriet nicht in Vergessenheit. Im sogenannten Tragschrauber, einem Vorläufer des Hubschraubers, tauchte er in den zwanziger Jahren unseres Jahrhunderts erneut auf. Tragschrauber flogen zwar, konnten sich aber gegenüber den seit Mitte der dreißiger Jahre flugfähig werdenden Hubschraubern nicht behaupten.

Was wurde aus dem »anschnallbaren Flugzeug«, dem »Rucksackflugzeug«? Jahrzehntelang schwirrte es über die Seiten humoristischer Zeitschriften. Daneben aber verlockt es immer wieder Techniker dazu, Phantasie, neue Hilfsmittel und Erkenntnisse zu verknüpfen.

Vielleicht wird der Rucksack-Helikopter einst Realität?

Man könnte etwa einen Minihubschrauber mit Antrieb nach dem Prinzip mancher Rasensprenger konstruieren. In die Rotoren wären kleine Strahldüsen eingebaut, den Steuerdüsen der Raumfahrt nicht unähnlich. Brennstoffbehälter, Rotorträger und Leitwerk bilden eine konstruktive Einheit. Der Pilot schnallt sie um und hat im wesentlichen nur noch einen Hebel für die Brennstoffzufuhr zu betätigen. Am Ziel schnallt er ab und wird zum Fußgänger.

Wie schon gesagt — noch ist es nicht so weit, und niemand vermag zu sagen, ob es je dahin kommen wird. Jedenfalls ist die »zum Markt fliegende Oma« (vgl. S. 172) auch in Hubschrauber-Rucksack-Variante schwer vorstellbar ...

12

Muskelkraft-Luftschiff von Campbell · Elektroluftschiff Tissandiers · An einen Erfolg dieses fliegenden Fasses glaubte wohl nicht einmal der Erfinder · Das Rückstoß-Luftschiff war ein Mißerfolg · Polarflug im Ballon · „Fliegende Barke" von de Lana · Luftschiffprojekte aus jüngster Zeit

Galerie der Luftschiffe

☞ Nach manchen Darstellungen ging die Luftschiffahrt von einem zum Trocknen aufgehängten Unterrock aus, dessen Aufwölben und Anheben in warmer Ofenluft die Brüder Montgolfier beobachtet hatten. Diese Geschichte ist ebenso naiv und unwahr wie jene, nach der James Watt durch Großmütterchens im Dampfstrom klappernden Topfdeckel zur Erfindung der Dampfmaschine inspiriert wurde.

Richtig hingegen ist, daß der Auftrieb in Luft schon Jahrhunderte vorher festgestellt worden war und sogar für Ballonprojekte und -versuche hatte herhalten müssen. Die Montgolfiers, technisch beschlagen, an Luftfahrtprojekten interessiert und als Papierfabrikanten nicht in »Materialnöten«, hatten die Fähigkeiten und Voraussetzungen, solche Projekte in die Praxis umzusetzen. Ihren Arbeiten vor allem verdanken wir den ersten gelungenen Menschenflug im November 1783.

Seitdem zählt die Geschichte der Luftschiffahrt zu den interessantesten und bewegtesten Kapiteln der Technikhistorie. Der mit dem Wind treibende Ballon war als Verkehrsmittel ungeeignet. Folglich zielten zahllose Versuche daraufhin, ihn lenkbar und so für Zielfahrten brauchbar zu machen, ihn zum Luft*schiff* umzugestalten.

Der Streit, ob das Prinzip »schwerer« oder »leichter als Luft« die Zukunft des Fliegens beherrschen würde, währte Jahrzehnte. Der Ballon und selbst das Luftschiff, mehrfach totgesagt, behaupteten sich, ungeachtet der schnellen und spektakulären Erfolge des Fluges »schwerer als Luft«, für Forschungs-, Beobachtungs- und spezielle Transportaufgaben.

Trotz Strahlflugzeug und Hubschrauber mangelt es nicht an Plänen und Versuchen, das Luftfahrzeug »leichter als Luft« aufzuwerten. Manche, die wir vor dreißig Jahren noch guten Glaubens als Kuriosität abgetan hätten, sind zur Zeit Gegenstand ernsthafter technischer Erörterungen und ökonomischer Überlegungen.

Das Vakuum-Luftfahrzeug

Man nehme einen Nachen mit Segel oder Rudern, lasse ihn von vier evakuierten Metallkugeln in die Höhe tragen — fertig ist das um 1670 von dem Jesuitenpater de Lana vorgeschlagene Luftfahrzeug. Diesen Vorschlag zu verwirklichen war zwar aussichtslos, doch er schloß einen richtigen Grundgedanken ein: Von allen Hohlkörpern gleichen Volumens hat der evakuierte, sozusagen »mit dem Nichts gefüllte« den größten Auftrieb.

Heute wie damals stößt das »Vakuumluftfahrzeug« auf eine ungelöste Schwierigkeit: Es ist kein Material bekannt, aus dem sich ein hinreichend großer, leichter und dabei gegenüber der Außenluft

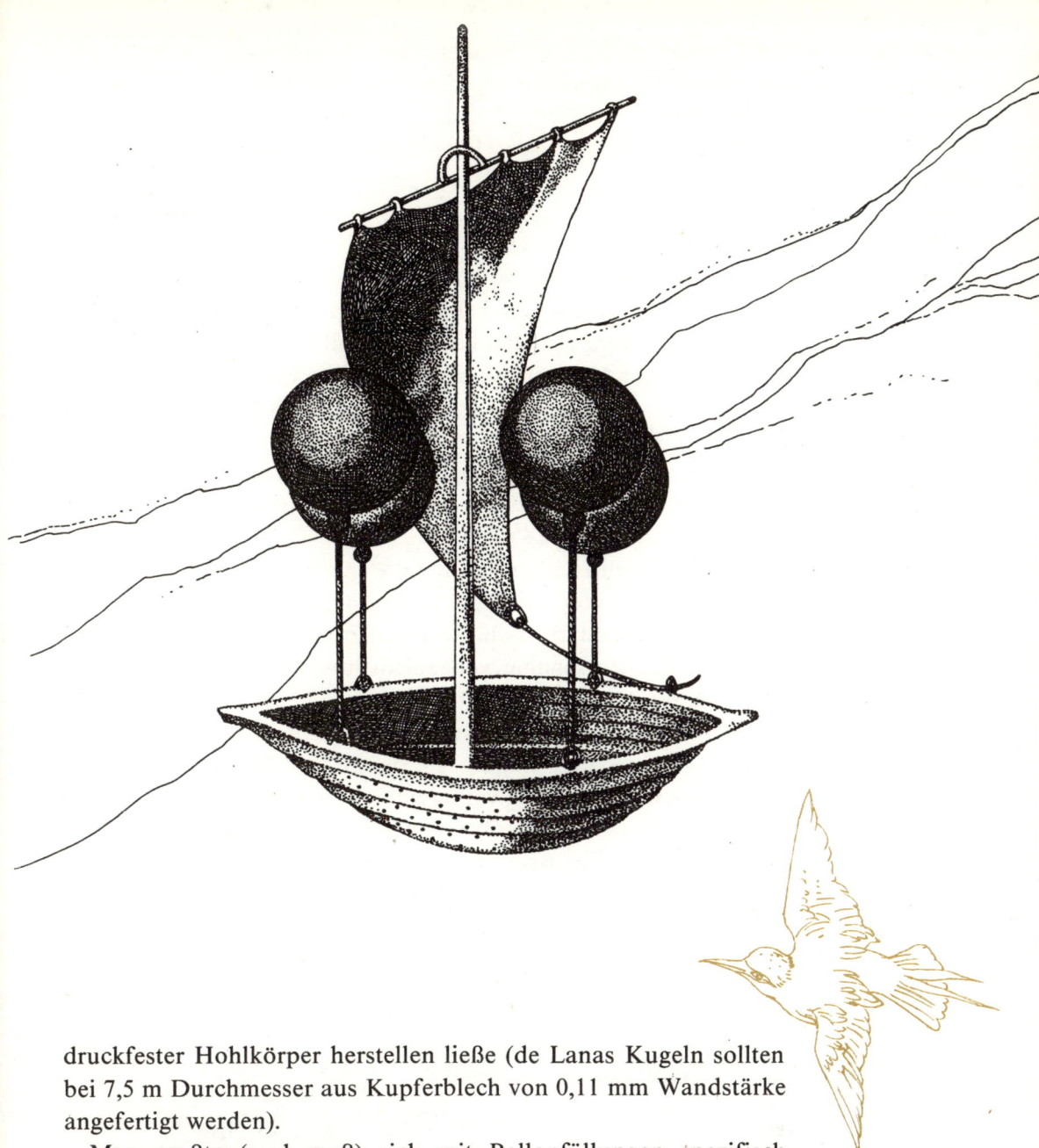

»Fliegende Barke« von de Lana 1670

druckfester Hohlkörper herstellen ließe (de Lanas Kugeln sollten bei 7,5 m Durchmesser aus Kupferblech von 0,11 mm Wandstärke angefertigt werden).

Man mußte (und muß) sich mit Ballonfüllungen spezifisch »leichter« als die Umgebungsluft begnügen. Das geschah in zwei Richtungen, mit dem Warmluftballon und dem Gasballon, die gleichzeitig entstanden. Zunächst machte für Jahrzehnte die Gasfüllung das Rennen. Besonders – in unserem Jahrhundert – der Ersatz des gefährlichen Wasserstoffs oder des Stadtgases durch das unbrennbare Helium schien diese Spitzenposition zu stärken, vor allem für bemannte Luftfahrzeuge.

Doch wie in der Technik des öfteren der Fall: Seit einigen Jahren neigt sich das Zünglein an der Waage wieder mehr dem Warmluftballon zu — natürlich nicht dem Veteranen mit offenem Stroh- oder Holzfeuer unter der Ballonhülle, sondern Ausführungen, meist für den Flugsport, in denen sich die technische Entwicklung seit den Montgolfiers widerspiegelt.

Noch immer »lebendig«: der Freiballon

Die Ballonhülle besteht nicht mehr aus Seidenpapier oder Seide, sondern aus reißfester, leichter und schwer entflammbarer Folie. Warmluft wird durch Brenner gewonnen, die — z. B. mit Propangas gespeist — die Ballonluft auch während der Fahrt aufwärmen und so Abkühlverluste ausgleichen können. Man kann den Ballon nahezu überall und nicht nur in der Nähe von Gasanstalten oder chemischen Betrieben starten und auf das nach wie vor rare, teure und nicht überall verfügbare Helium verzichten.

Für Forschungsaufgaben, sei es für meteorologische Sonden oder für Meßballone, die beispielsweise driftend mehrmals die Erde umrunden, greift man nach wie vor zur (Gas-)Flasche.

Wissenschaftliche Messungen übernahmen schon die ersten Ballonfahrer nebenbei, während später zahllose Ballonflüge ausschließlich für Forschungszwecke durchgeführt wurden. Ein bevorzugtes Thema war auch die Polarforschung, wobei nicht zuletzt die Frage stimulierend wirkte, ob der Nordpol eisbedeckt sei oder es ein offenes Polarmeer gäbe. Am bekanntesten wurde das Unternehmen von S. Andrée, der 1897 verscholl und dessen Spuren erst 33 Jahre später gefunden wurden. Aber schon vorher gab es ausgearbeitete Studien und Pläne für solche Ballonexpeditionen.

Eine verhältnismäßig komfortable Ballonexpedition in polare Gebiete arbeiteten (um 1890) die Franzosen Hermite und Besancon

Polarflug im Ballon um 1890

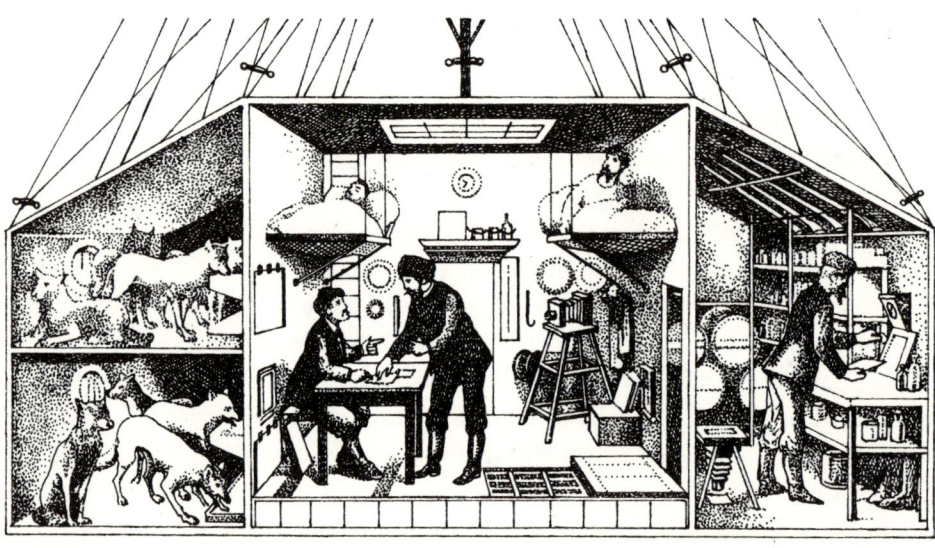

Muskelkraft-Luftschiff von Campbell 1883

aus: Ihr Ballon, 30 m im Durchmesser und mit einer vorgesehenen Tragfähigkeit von 17 t, sollte eine gegen die Unbilden von Kälte und Witterung völlig abgeschlossene Kabine tragen. Ihr Wohn- und Arbeitsraum bot fünf Forschern Platz. In einer Dunkelkammer konnten fotografische Aufnahmen entwickelt werden, während in einer geteilten, zweiten Kammer Schlittenhunde untergebracht waren. Ein auch als Schlitten zu verwendendes Boot hing außenbords, über eine Strickleiter war eine Aussichtsgalerie für Blicke nach allen Seiten zu erreichen. Die Expedition fand, wie viele geplante vor und nach ihr, nicht statt. Häufig scheiterten sie aus finanziellen Gründen, immer deutlicher aber zeigte sich hier die Unsteuerbarkeit des Ballons als Hindernis — auch Versuche aus jüngster Zeit, den Atlantik driftend zu überwinden, endeten mit einem Mißerfolg.

Die Zielsetzung »steuerbarer Ballon«, »Luftschiff« schob sich immer mehr in den Vordergrund. Was wurde nicht alles vorgeschlagen und unternommen, dieses Ziel zu erreichen! Zu einem Akademiewettbewerb in Frankreich reichten nicht weniger als 96 Erfinder ihre Vorschläge ein.

Pläne, einen Ballon durch Segel zu steuern, mußten aussichtslos bleiben; sie kehrten trotzdem immer wieder. Um jedoch – Voraussetzung der Steuerbarkeit – gegenüber der Luft Fahrt zu machen, mußte ein bordeigener Antrieb her.

Schlagruder oder -flügel erwiesen sich als zu wenig wirksam; bald tauchte die Luftschraube in vielerlei Gestalt auf. Auch war man bemüht, dem kugel- oder birnenförmigen Ballon eine windschlüpfige, wenig Stirnwiderstand bietende Form zu geben. Das war keine einfach zu lösende Aufgabe, weil ein waagerecht fliegender, langgestreckter Ballon, besonders bei Gasverlust, ohne Stützmaßnahmen durchzuknicken drohte (dieses Problem hat bis in unser Jahrhundert Luftschiffkonstrukteure beschäftigt).

Vielfältige Versuche mit vielfältigen Antrieben

Das zigarrenförmige Luftschiff Campbells sollte durch Muskelkraft vorangetrieben werden. Zum Einhalten der Richtung waren drei- und rechteckige Steuerflächen vorgesehen, für den Vortrieb zwei handgetriebene Luftschrauben. Eine ebenfalls von Hand betätigte vielflüglige Luftschraube unter dem Gondelboden sollte Auf- und Absteigen erleichtern. Ein Netz um die Ballonhülle hielt die Gondel. Das Luftschiff stieg zwar auf, doch der Antrieb reichte für die Steuerung nicht aus. Es trieb mit seinem Piloten, einem erfahrenen Ballonfahrer, ab und verschwand für immer. Man vermutet, daß es über Wasser abstürzte und versank.

Andere Ausführungen des Muskelkraftantriebs erwiesen sich ebenfalls als zu schwach. Zwar gelang bei Windstille manchmal für kurze Strecken eine Vorwärtsbewegung, doch bereits eine leichte Brise machte alle Steuerungsversuche zunichte. Übrigens sollten abgerichtete und vorgespannte Vögel (vgl. S. 169) auch für Ballonreisen den Antriebsmotor ersetzen.

Der Erfolg der Luftschiffahrt hing von einer leistungsfähigen und zugleich leichten Antriebsmaschine ab, wobei jedes Kilogramm – im übertragenen Sinne – zehnfach schwerer wog als auf dem Boden oder auch im Schiffsrumpf.

Zunächst mußte man sich an der gefährlichen Kombination Dampfmaschine mit Feuerung und Gasballon versuchen. Probeflüge wie die des Franzosen H. Giffard (1852) mit einem 44 m langen Ballon, ausgerüstet mit 2,3-kW-Dampfmaschine, Koksfeuerung (!) und 3,4-m-Luftschraube ergaben zwar Steuerfähigkeit, aber auch nur bei schwächstem Wind und schon gar nicht bei Gegenwind.

Giffards Luftschiff war gut durchdacht. Von dem etwa zur gleichen Zeit auftauchenden Projekt der Abbildung kann man das beim besten Willen nicht behaupten. Das gasgefüllte »Leinwandfaß« hätte, wie schon aus den Größenverhältnissen hervorgeht, keinerlei Chance gehabt, das Boot mit seiner recht massiv ausgeführten Maschinerie auch nur anzuheben.

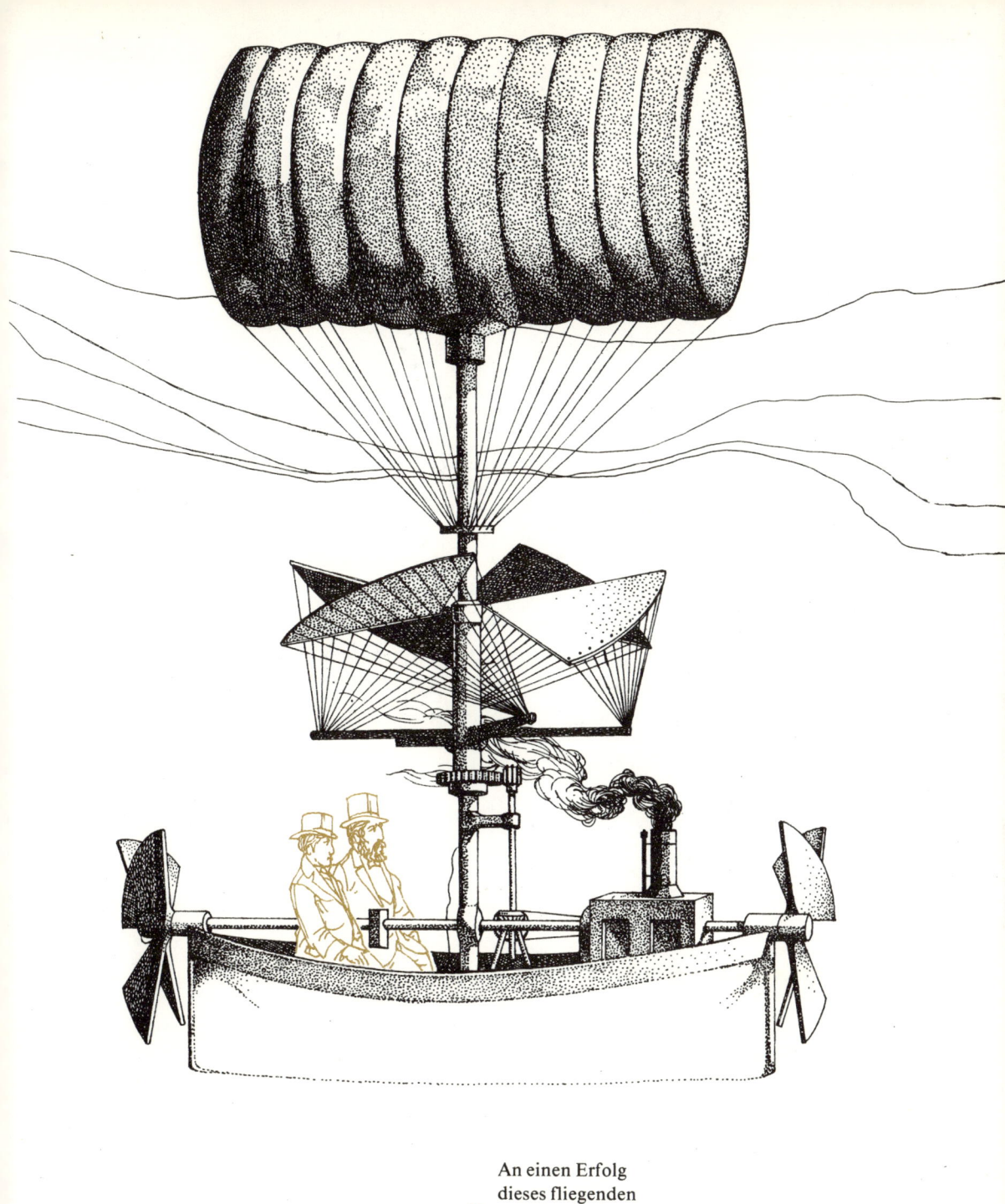

An einen Erfolg
dieses fliegenden
Fasses glaubte
wohl nicht einmal
der Erfinder . . .
um 1850

Der Franzose Gaston Tissandier wagte sich, unterstützt von seinem Bruder Albert, an das elektrisch getriebene Luftschiff. Nachdem Modellversuche mit einem für damalige Technologie bemerkenswert leichten Elektromotor von weniger als 300 g Masse gelungen waren, wurde das Elektroluftschiff ausgeführt. Jetzt leistete der Elektromotor etwa 1,2 kW und brachte 55 kg auf die Waage. Zusammen mit den energieliefernden Chromsäurebatterien betrug die Masse der Antriebsanlage etwa 250 kg. Im Oktober 1883 stiegen die Brüder Tissandier mit ihrem 28 m langen Luftschiff auf. Nach zweistündigem Flug, allerdings nahezu bei Windstille, kehrten sie zum Startplatz zurück. Weitere Fahrten, auch mit einem leistungsfähigeren Motor, folgten. Im darauffolgenden Jahr erprobten wiederum zwei Franzosen, Ch. Renard und A. Krebs, ein elektrisch betriebenes Luftschiff. Elektromotoren erschienen für die Luftschiffahrt ebenso geeignet wie für Land- und Wasserfahrzeuge; sie warfen auch das gleiche und bis heute nicht gelöste Problem auf, nämlich das einer leistungsfähigen und leichten Quelle für den elektrischen Strom.

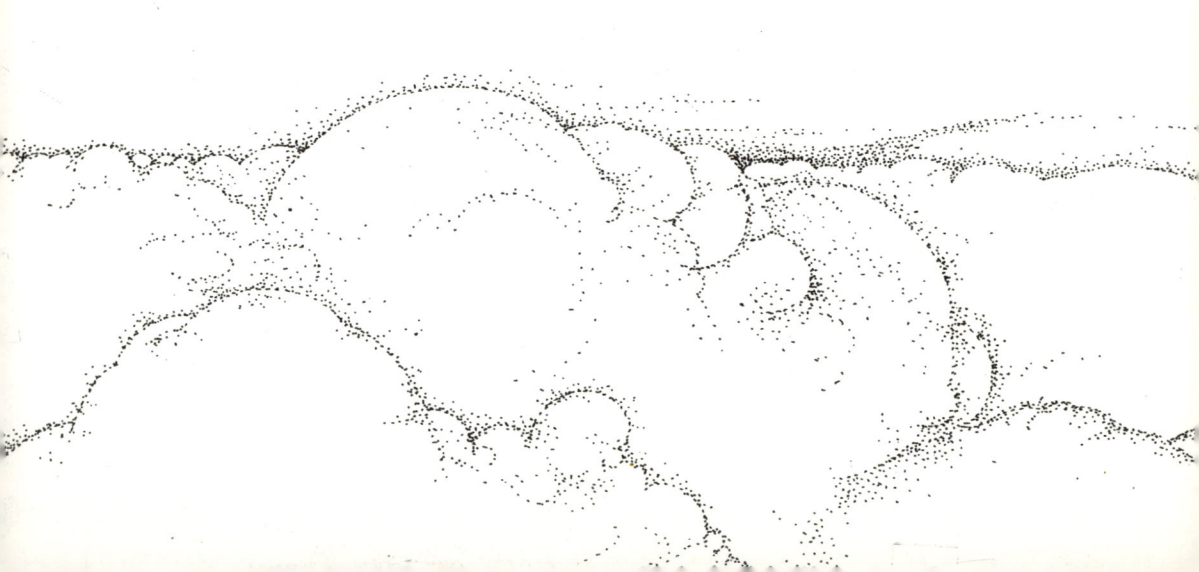

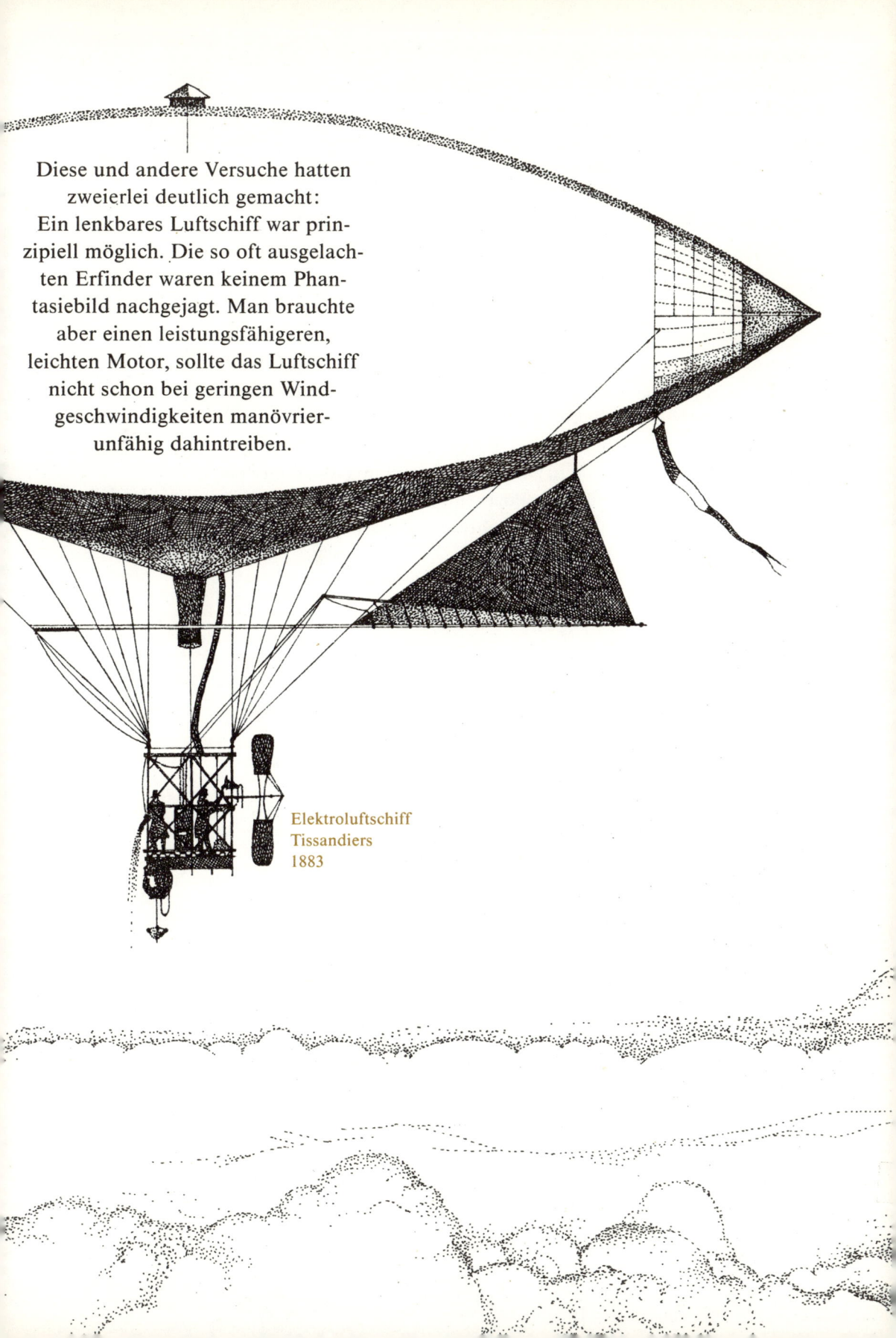

Diese und andere Versuche hatten zweierlei deutlich gemacht: Ein lenkbares Luftschiff war prinzipiell möglich. Die so oft ausgelachten Erfinder waren keinem Phantasiebild nachgejagt. Man brauchte aber einen leistungsfähigeren, leichten Motor, sollte das Luftschiff nicht schon bei geringen Windgeschwindigkeiten manövrierunfähig dahintreiben.

Elektroluftschiff Tissandiers 1883

An Vorschlägen und Versuchen, die Luftschraube und ihren komplizierten und massigen Antriebsmechanismus zu vermeiden, mangelte es auch weiterhin nicht. Lösungen erhoffte man sich beispielsweise von den seit Newton (vgl. S. 104) Erfinderhirne beschäftigenden Rückstoßantrieben. Sie sollten wie im Bild durch ausströmenden Dampf und Heißluft, aber auch durch Raketen oder Druckluft verwirklicht werden. Alle diese Projekte und die selten tatsächlich unternommenen Experimente blieben erfolglos. Die Gesetzmäßigkeiten der Rückstoß- und Raketenantriebe waren noch zu wenig erforscht.

Noch während des Laborierens mit Dampf-, Elektro- und Rückstoßantrieb für Luftschiffe liefen, zunächst für stationären Betrieb oder für Fahrzeuge gedacht, die ersten Verbrennungsmotoren. Dank ihrer raschen Entwicklung wurde das Luftschiff vom technischen Kuriosum zur technisch nutzbaren Realität. Auf seiner Erfolgsliste stehen unter anderem zahlreiche Forschungsflüge und ein bescheidener transozeanischer Post- und Passagierverkehr. Er mußte seinen Platz jedoch an das mehrfach schnellere und ökonomischere Flugzeug abtreten.

Das Rückstoß-Luftschiff war ein Mißerfolg 1872

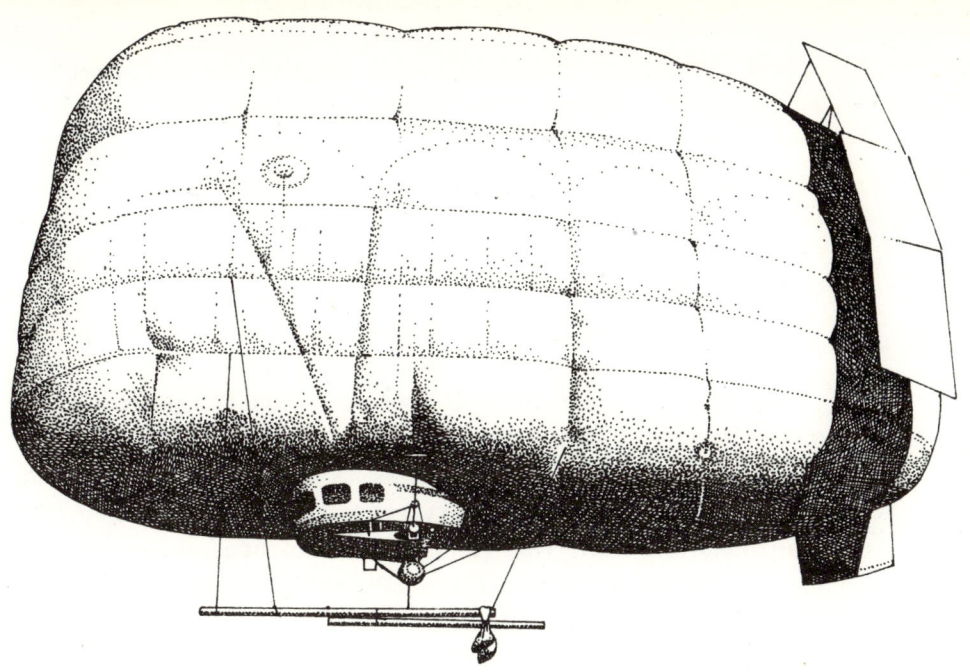

Sowjetisches Luftschiffprojekt aus jüngster Zeit nach 1975

Ganz verschwunden sind Luftschiffe trotzdem nicht. Für Werbezwecke, für Beobachtungsaufgaben in der Fischerei, zur Küstenwache und für andere Spezialaufgaben blieben die »fliegenden Zigarren« — wenn auch kleiner als einstige Passagierluftschiffe — am Himmel.

Heute zählt das Luftschiff zu den von Fachleuten und Laien besonders engagiert diskutierten Themen. Das liegt nicht zuletzt an den immer wieder angestellten Vergleichen zwischen Luftschiff und Flugzeug. Unter den Nachteilen des Luftschiffs ist vor allem die gegenüber einem Flugzeug geringe Geschwindigkeit zu nennen, die — sofern ein Luftschiff ökonomisch betrieben werden soll — aus aerodynamischen Gründen auch künftig wenige hundert Kilometer je Stunde nicht überschreiten dürfte. Aber auch die in Abständen zu ergänzende Gasfüllung, Gas- und Auftriebsverluste, die Höhensteuerung und andere spezifische Bedingungen bringen Probleme mit sich. Dem stehen jedoch beachtliche Vorteile gegenüber: Ein Luftschiff kann senkrecht starten oder landen, beliebig langsam vorwärts oder rückwärts fahren, auf der Stelle schweben, tagelang in der Luft bleiben und dort auf einfachere Weise nachgetankt werden als ein Flugzeug.

Viele Mängel, die man dem Luftschiff anlastete, sind dank moderner wissenschaftlich-technischer Erkenntnisse, Verfahren und Hilfsmittel gegenstandslos geworden. Die Brand- und Explosionsgefahr, die Pessimisten zur Ansicht verführte, eine Luftschiffreise gleiche einer Fahrt mit brennender Zigarre auf einem offenen Pul-

Luftschiff zwischen heute und morgen

verfaß, existieren nicht mehr, seit Luftschiffe mit unbrennbarem Helium gefüllt werden (wobei allerdings anzumerken ist, daß Helium dem Wasserstoff gegenüber etwas weniger Auftrieb liefert und relativ knapp ist). Für die Konstruktion des tragenden Gerüsts und für die Hülle gibt es heute bessere Materialien und Verbindungsverfahren; Computer errechnen optimale statische und aerodynamische Konstruktionen. Auch widrigste Wetterbedingungen würden einem modern konzipierten Luftschiff nichts ausmachen. Ein plötzlicher Absturz wäre so gut wie ausgeschlossen.

Wen wundert unter solchen Voraussetzungen das große Interesse am Luftschiff? Vielen Vorschlägen sieht man an, daß sie auf Bekanntes zurückgehen. So tauchte als »Vakuumluftschiff« ein jahrhundertealtes utopisches Projekt (vgl. S. 156) erneut auf, ebenso das Ganzmetalluftschiff. Der Rückstoßantrieb, heutzutage mit Hilfe eines Kernreaktors, ist im Gespräch. Mit bewegten Flächen statt Luftschrauben soll ein Luftschiff in Anlehnung an die Schwimmbewegung des Delphins vorwärts getrieben werden. Neben Projekten für scheibenförmige Luftschiffe begegnen uns solche mit zwei oder mehr parallelen Tragkörpern. Selbst der Kugelform nähern sich manche Vorschläge wieder.

Seit einigen Jahren möchte man den alten Streit Luftschiff/Flugzeug begraben, indem man die Vorzüge beider kombiniert. Allerdings gab es diese Kombination schon einmal: J. Degen rüstete zu Beginn des 19. Jahrhunderts einen Ballon mit Schlagflügeln aus und kam damit tatsächlich voran. Heute vereinen Vorschläge für »Hybridluftschiffe« Konstruktionsprinzipien und Baugruppen von Flugzeugen mit den gasgefüllten Tragkörpern eines Luftschiffs. Man erhofft sich Nutzlasten von 1 000 t bei sparsamem Treibstoffverbrauch. Modellversuche scheinen diese Voraussagen zu bestätigen.

Wird also das Luftschiff wiederkehren? Der Streit ist noch nicht entschieden. An Anwendungsmöglichkeiten fehlte es nicht. Sie reichen vom Zubringerverkehr zwischen Stadtzentrum und Flughafen bis zum Transport oder zur Montage sperriger Teile, von Vermessungsarbeiten bis zur Waldbrandüberwachung oder — etwa bei Naturkatastrophen — zum kurzfristigen Aufbau eines Nachrichtennetzes. Vielleicht werden sogar eines Tages Riesenluftschiffe mit Hunderten Erholungsuchender über den Kontinenten kreuzen.

13

Adler als „Flugmotoren" Hofmanns Drachenflieger
Schwingenflugzeug von de Groof Maxims Riesenflugzeug
Luftschraube und bewegte Schwingen:
die Flugmaschine Baranowskis

Flugmaschine von Goupil
Der Spinnwebflügler, das erste
erfolgreiche fliegende Fahrrad
Schlagflügelantrieb durch Dampfmaschine

DIE ERBEN DES IKARUS

Es den Vögeln gleichzutun ist einer der ältesten Wunschträume der Menschen. Mythen, Sagen, phantastische Erzählungen vieler Völker und aus verschiedenen Epochen spiegeln ihn wider. Ihn zu erfüllen versuchten viele; denn sicherlich haben bereits unsere fernsten Ahnen neidvoll zugesehen, wie mühelos Vogelscharen Gewässer und Berge überquerten.

So gehen denn auch alle Legenden vom Vogelflug aus. Die Erfinder aller vergangenen Zeiten sahen in ihm das große Vorbild. Den Vogelflug vollziehen, schien einfach, sofern man sich den natürlichen Flügeln ähnliche Gebilde anschnallte und damit auf- und niederschlug.

Erfolg auf diesem Wege war weder legendären noch historisch belegten Flugpionieren beschieden. Ikarus scheiterte an »Überhitzung« seines Flugapparates durch die Sonnenstrahlung. Dem in Moritaten besungenen »Schneider von Ulm«, Albrecht Berblinger, bescherte mangelnde Festigkeit seiner Schwingen 1811 ein unfreiwilliges, aber wahrscheinlich lebensrettendes Bad in der Donau.

»Werkstoffprobleme« also, wie wir heute sagen würden... Sie verhinderten — glücklicherweise — bei anderen Versuchen oftmals bereits einen Start und damit Prellungen, Knochenbrüche oder Schlimmeres. Zum Fliegen gehört, was damals niemand wissen konnte, viel mehr als nur Flügelschlagen. Bis das erkannt war und man die Folgerungen daraus gezogen hatte, verstrichen Jahrhunderte.

»Wenn die Götter gewollt hätten, daß Menschen fliegen, hätten sie ihnen Flügel wachsen lassen« — hatten diejenigen recht, die diese Ansicht vertraten? Wenn ja, gab es immerhin einen Ausweg: Vögel als Zugtiere für Luftreisen. So fliegen schon auf vorderasiatischen Rollsiegeln Götter, Könige, Heroen mit Himmelswagen, gezogen meist von den als besonders kräftig geltenden Adlern. Sogar Alexander dem Großen dichteten spätere Schreiber eine solche Luftreise an. Der berühmte Makedonier soll seine Zugadler mit Stangen gesteuert haben, an deren Spitze leckere Pferdeleber hing und jeweils in die Flugrichtung geschwenkt wurde...

Wen verwundert es, daß die später euphorisch gefeierte Dampfmaschine auch den der Muskelanstrengung müden und überdrüssigen »fliegenden Menschen« neuen Auftrieb gab? Obgleich Versuche in dieser Richtung wenig Resultate brachten, orientierte man sich seitdem beim Fliegen vorwiegend auf die jeweils vorhandene oder auf eine mit prinzipiell vorhandenen Mitteln realisierbar scheinende Antriebsmaschine. Wir kennen die Resultate und nutzen sie. Daß es auf dem Wege dorthin nicht an Kuriositäten mangelte, versteht sich fast von selbst.

Vögel als Flugmotoren

Bleiben wir für einige Zeilen bei Adlern als »Flugmotoren«. Es irrt, wer meint, derart »tierische Projekte« habe es nur vor der Dampfmaschine gegeben.

1865 flatterte den Redakteuren des »Scientific American« der Plan einer »Natürlichen Flugmaschine« auf den Tisch, der allerdings, wie der Erfinder freimütig bekannte, noch der Verwirklichung harrte. Ein Adler kann, so schrieb er, mühelos 10 kg in die Lüfte tragen; denn bekanntlich entführen die beliebten Wappenvögel häufig Lämmer und Säuglinge (???). Fazit: 10 Adler müßten als Antrieb für einen »Einsitzer« vollauf genügen. Sie werden an ein ringförmiges Gestell geschirrt. Der Pilot besteigt, um Eigenwilligkeiten seiner »Motoren« zu begegnen, einen Käfig — die Reise kann beginnen. Leider wird nicht verraten, wie man die Adler zur Zusammenarbeit überredet und wie das Luftfahrzeug gesteuert werden sollte. Daß es nie gebaut wurde, bedarf keiner Erörterung.

Versuche zum Muskelkraftflugzeug

Durch menschliche Muskeln betriebene Flugmaschinen gerieten gleichfalls nie in Vergessenheit. Sie existierten nicht nur auf dem Papier. Mit besseren, vor allem leichteren Materialien und zunehmenden Kenntnissen versuchten sich Techniker und »Außenseiter« an ihrer Ausführung.

Adler als »Flugmotoren« 1865

Leider waren bei den **mißglückten** Versuchen **auch Todesopfer** zu beklagen. Ein **Beispiel dafür** ist der Absturz des **Belgiers de Groof** im Juli 1874. Er **hatte mehrere Jahre** auf die Konstruktion **eines Schwingenflugzeuges** verwandt und erhielt **schließlich einen Apparat** mit schmalen, **schwalbenähnlichen Tragflächen** von etwa 10 m Spannweite. **Sie waren mit Seide** bespannt und wurden über **Schnüre mit den Händen** rhythmisch heruntergezogen. **Die Aufwärtsbewegung** sollte, von Gummiseilen **unterstützt, selbsttätig** erfolgen. Eine ausgedehnte Schwanzfläche war zur Lagestabilisierung **in der Luft vorgesehen.** Ein Start vom Erdboden **schied wegen der langen und** sich nach unten **durchbiegenden Schwalbenflügel aus.** Daher sollte der Apparat **vor dem Abflug erst einmal** durch einen Ballon **in die Höhe getragen werden.** Bei einem Versuch **im Juni 1874 wagte de Groof** jedoch noch nicht, **das Seil zwischen Ballon** und Flugzeug **zu durchschneiden (allerdings** soll er Reportern **gegenüber das Gegenteil** behauptet haben). **Einen Monat später,** bei einem weiteren Experiment, **kappte er das Seil** (wobei die **Berichte auseinandergehen,** ob dies in 30 m oder **in 300 m Höhe geschah).** Wie dem auch sei, **der Flugapparat** geriet ins Trudeln, **stürzte ab** und begrub **den Erfinder unter** den Trümmern. **Er starb,** ohne das **Bewußtsein** **wiedererlangt zu haben.**

Der erleichterte Ballon schoß mit seinem entsetzten Führer in die Höhe. Fast hätte es ein zweites Unglück gegeben; denn er landete ausgerechnet auf einem Bahndamm, wenige Meter vor einem noch rechtzeitig zum Stehen gebrachten Zug.

Schwingenflugzeug von de Groof 1874

Stimulans für die Muskelkraftflieger nach de Groof waren nicht selten Preise von Zeitungsverlagen und Firmen. So verhieß 1912 die französische Firma Peugeot demjenigen 10 000 Francs, der mit Muskelkraft 10m weit »fliegen« würde. Neun Jahre verstrichen, ehe sich ein Radrennfahrer den Preis holte. Sein Schlagflügler blieb jedoch ebenso bedeutungslos wie der eines Nachfolgers mit einem 50-m-Flug. Schon kleinste Luftsprünge forderten einen trainierten Athleten als Motor.

Manche halten Schlagflügler für völlig abwegig. Andere, wie in jüngster Zeit der sowjetische Kunstmaler Michail Ljachow, dessen durch vielfältige und sorgsame Studien untermauertes Stekkenpferd die Muskelkraftfliegerei ist, sind dagegen

»... überzeugt, daß die Zukunft den Schlagflügelflugzeugen gehört; denn sie brauchen keine langen Landebahnen und werden überall landen können. Der Schlagflügler wird leicht zu fliegen und so flugsicher sein, daß damit selbst Schüler zur Schule und Omas zum Markt werden fliegen können ...«

So war es 1979 im »Sputnik« zu lesen. Ein (zu) optimistisches Bild? Warten wir ab; inzwischen könnten wir über das Verkehrschaos nachdenken, das da auf uns zurollen bzw. zufliegen würde.

Sobald Fahrräder die Fortbewegungsmöglichkeiten mit Hilfe der Beinmuskulatur gesteigert hatten, sollte der »Oberschenkelmotor« Luftfahrzeuge antreiben. Man versuchte zunächst, Pedalbewegung und Schwingenschlag zu kombinieren. Trotz ausgeklügelter (und verlustbehafteter) Hebelgestänge und Drahtzüge und trotz Unmengen vergossenen Schweißes winkte dabei kein Erfolg.

Einen Teil des Impulses für solche Bestrebungen lieferten nach wie vor von Firmen, Vereinen, Institutionen usw. ausgeschriebene Preise. So lockte beispielsweise eine 5000-Mark-Prämie der »Polytechnischen Gesellschaft Frankfurt/M.« für einen geschlossenen Flug um 500 m voneinander entfernte Wendemarken.

Der erste ernst zu nehmende »Angriff« auf diesen Preis erfolgte im August 1935. Ein propellergetriebenes Muskelkraftflugzeug legte in etwa einem Meter Höhe 195 m, am Tage darauf 235 m zurück. Der Preis lag damit noch in weiter Ferne. Das hinderte aber die deutsche Presse nicht (man schrieb, wie erwähnt, 1935), die »epochemachende Tat eines Deutschen« zu feiern. Übrigens wurde der Scheck auch später nicht ausgeschrieben.

Nach 1960 setzten britische Unternehmer erneut einen Preis aus. Um zwei Zielmarken im Abstand von etwa 800 m mußte eine »8« geflogen werden; außerdem waren zwei 3,30 m hohe Hindernisse zu überfliegen.

Erste Erfolge mit Muskelkraftflugzeugen

Bei dem Versuch, den Preis zu erringen, wurden modernste aerodynamische und technologische Kenntnisse in ein Flugzeug aus Aluminiumrohren, Klaviersaitendraht, Plastfolie, Leichtholz und Wellpappe umgesetzt. Der Apparat von 30 m Spannweite, mit Luftschraube und Pedalantrieb wog — eine großartige technologische Leistung — mit »aufgesessenem« Piloten, dem Drachenflieger Bryan Allen, nur 100 kg. Im August 1977 startete Allen zum entscheidenden Versuch. Nach 10 m Rollstrecke hob die Maschine ab und erfüllte in nicht einmal acht Minuten die vorgegebenen Bedingungen. Knappe zwei Jahre später, im Juni 1979, strampelte Allen mit einer verbesserten Ausführung 30 km weit von England zur französischen Küste. Die Beinmuskeln mußten bei diesen Versuchen etwa 250 W leisten. Über längere Strecken hält das niemand durch. Zwar sind die Konstrukteure überzeugt, daß sich die Leistung noch senken läßt. Sie glauben, daß Sportler auf diese Weise einige Stunden in der Luft bleiben werden können; doch eben nur Sportler. So ist wohl auch diese Variante des Jedermannflugzeugs vorerst ein unerfüllbarer Wunsch.

Der Spinnwebflügler, das erste erfolgreiche fliegende Fahrrad 1977

Schon zuvor verhieß eine Kombination aus unbewegten Tragflächen und Luftschrauben einfachere und wirksamere Lösungen, denn dabei mußte nur eine Drehbewegung erzeugt und übertragen werden. Da gab es z. B. die »Flugmaschine« von Goupil (1885).

Trotz möglichst leichter Konstruktion und Seidenpapierbespannung des Rumpfes betrug ihre Masse soviel wie Allens Maschine mitsamt dem Piloten. Der Pedalantrieb übernahm in der Startphase eine Doppelfunktion. Über das größere Rad sorgte er zunächst für eine genügende Rollgeschwindigkeit, durch die – unterstützt von der gleichfalls über die Pedale in Bewegung gesetzten Luftschraube – der Auftrieb wuchs, bis der Apparat flog – oder vielmehr fliegen sollte; denn über kleine Luftsprünge (die zudem umstritten blieben) kam Goupil nicht hinaus.

Flugmaschine von Goupil 1885

Schlagflügelantrieb durch Dampfmaschine 1869

Vielen seiner Zeitgenossen erging es nicht anders, was freilich Nachfolger nicht abschreckte, das von ihm benutzte Prinzip des fliegenden Fahrrades weiter zu verfolgen. Man versuchte sich in unregelmäßigen Abständen daran, wenngleich der Siegeszug des Motorfluges diese Bemühungen etwas in den Hintergrund treten ließ.

Neben der »Muskelkraftrichtung« aber existierte noch eine ganz andere: Eine Maschine sollte die erforderliche Antriebskraft abgeben, der Mensch nur steuern. Welche Maschine? Natürlich griff man zunächst stets auf die jeweils vorhandene und bewährte zurück. Die Dampfmaschine beispielsweise versorgte ganze Fabriksäle mit Antriebskraft, bewegte lange Züge und große Schiffe. Müßte sie nicht als Motor für die noch viel kleineren und leichteren Luftfahrzeuge geeignet sein? Zahlreiche Dampfflugzeuge wurden entworfen. Nicht selten ähnelten sie einer »beflügelten« Lokomotive oder einem »beschwingten« Dampfer...

Dampfmaschinen bewegen Luftschrauben und Schwingen

Dampfmaschinenkolben bewegen sich hin und her. Es lag daher nahe, diese Bewegung unmittelbar auf Schlagflügel zu übertragen. Das galt z. B. für das 1869 vorgeschlagene recht skurrile Vehikel. Es sollte mit einer 40-PS-Dampfmaschine (etwa 29 kW) ausgestattet werden, die samt Brennstoff und Wasser »nur« 3 000 kg auf die Waage brachte und Flügel mit einer Spannweite um 10 m 120mal in der Minute bewegte. Außer Steuerflächen sah der Erfinder eine Trimmasse vor, die an einem teleskopähnlichen Ausleger verstellt werden konnte. Der Konstrukteur hoffte, sein Flugzeug eines Tages so zu vergrößern, daß es mehrere Stunden mit Schnellzuggeschwindigkeit fliegen können würde.

Zunächst jedoch fertigte er ein Modell von 18 kg Masse. Zwar flatterte dieses brav mit den Flügeln — aber es kam nicht vom Boden los. Mit steigendem Dampfdruck wurden die Bewegungen so heftig, daß es nicht fort-, sondern auseinanderflog. Auch weitere Versuche schlugen fehl; schließlich wurden sie aufgegeben.

War die Luftschraube für den Antrieb durch eine Dampfmaschine vielleicht doch besser geeignet? An dieser Frage — letztlich nur durch Versuche zu entscheiden — entzündete sich heftiger Streit.

Luftschraube und
bewegte Schwingen:
die Flugmaschine
Baranowskis
um 1880

Konnten Schwingen überhaupt eine Dampfmaschine samt Brennmaterial tragen? Würde eine Luftschraube in der Atmosphäre genügend »greifen«, um ausreichenden Vor- und Auftrieb zu erzeugen? Es fehlte nicht an Argumenten, und nicht immer wurden sie von Leuten vom Fach vorgebracht.

Wie aber wäre es, wenn man beide Möglichkeiten – Luftschrauben und Schwingen – kombinierte? Der russische Professor Baranowski versuchte sich an dieser salomonisch erscheinenden Lösung. Sein Flugzeugmodell wurde von einer Dampfmaschine im Rumpfinneren angetrieben. Sie setzte Flügel und eine Luftschraube (nach manchen Berichten mehrere) in Bewegung. Um den »Zug« der Feuerung zu verstärken und die Besatzung mit Frischluft zu versorgen, sollte Fahrtwind am Bug ein- und am Heck austreten. Auch Baranowski sah eine Trimmasse vor. Eine Ausführung soll 1880 im damaligen St. Petersburg geflogen sein. Allerdings blieb es beim Modell; zu einer Ausführung in natürlichem Maßstab kam es auch diesmal nicht.

Zu den vielseitigsten Erfindern des 19. Jahrhunderts zählt der angloamerikanische Ingenieur Hiram Stevens Maxim (1840–1916). Seine hauptsächlichsten und für ihn einträglichsten Arbeiten liegen auf dem Gebiet der Elektro- und vor allem der Waffentechnik, doch wäre es fast unverständlich gewesen, wenn Maxim sich nicht auch für das Flugwesen interessiert hätte. Hauptsächlich von 1890 bis 1894 war das der Fall. Obgleich Verbrennungs- und Elektromotor bereits bekannt waren, setzte Maxim noch auf den Dampfantrieb. Er hoffte, das hohe Gewicht einer Dampfmaschine und ihrer Betriebsstoffe durch eine möglichst große Konstruktion überlisten zu können und baute ein Riesenflugzeug, dessen Abmessungen für Jahrzehnte einen Rekord hielten.

Für veränderbare Flügelzahl konzipiert, betrugen die Spannweiten 31 m und 38 m, die Flügelfläche bis zu 450 m^2, die Flugzeuglänge von der Steuerfläche am Bug bis zu ihrem Gegenstück am Heck 21,5 m. Der Apparat erreichte fast die Höhe eines zweistöckigen Hauses. Die Startmasse des Riesen lag mit drei Mann Besatzung bei 3 600 kg. Die Antriebsleistung von 360 PS (265 kW) wurde von zwei Dampfmaschinen bereitgestellt, deren jede einen 5-m-Propeller in Drehung versetzte. Im Kessel wurde das Wasser in dünnen Kupferrohren durch 7 000 Petroleumflämmchen erhitzt. Der erfahrene Techniker Maxim versuchte, das Risiko seines (nicht gerade billigen) Unternehmens möglichst gering zu halten. So stellte er, um später aus Maschinerie und Luftschrauben optimale Leistung herauszuholen, zahlreiche Vorversuche an, bei denen der noch unbeflügelte Apparat einen Schienenkreis zu durchlaufen hatte.

3 Mann sollte Maxims Flugzeug tragen

Für die Experimente mit anmontierten Tragflächen wurde ein gerader Schienenstrang ausgelegt. Auch dieser war zunächst nur für Auftriebsmessungen gedacht. Dazu brachte Maxim beiderseits des eigentlichen Fahrgestells weitere Räder und über diesen in geringem Abstand hölzerne Schienen an. Beim Abheben sollten die Räder dagegendrücken und so nicht nur die sichere Führung gewährleisten, sondern über Dynamometer auch die Messung des Auftriebes ermöglichen. Am Ende der Schienenbahn waren elastische Fangseile quergespannt.

Die Versuche – von einigen Zuschauern als »das Verrückteste, was man je sah« beschrieben – ließen sich recht hoffnungsvoll an. Der ungefüge Apparat brauste mit über 60 km/h dahin und hob manchmal wirklich ab. Gerade hierbei wurden ihm die Führungsschienen zum Verhängnis: Bei einem Experiment im Sommer 1894 bekam er so erheblichen Auftrieb, daß die Holzschienen brachen. Das Flugzeug kippte, wurde auf eine Wiese geschleudert und schwer beschädigt. Maxim verzichtete auf weitere Experimente.

Maxims
Riesenflugzeug
1894

Sich eine Antriebsmaschine mit Schießpulver als Betriebsstoff vorzustellen fällt nicht leicht. Es hat aber dazu noch vor der Erfindung der Dampfmaschine einen Vorschlag gegeben. Er stammt von keinem Geringeren als Christian Huygens (1629–1695). Den konzipierten Motor, eine Kolbenmaschine, auszuführen wagte allerdings niemand. Die Sache erschien denn doch zu »explosiv«.

Rund zweihundert Jahre später jedoch trieb ein französischer Erfinder ein Flugzeugmodell durch einen solchen Motor an. Dieser kombinierte zwei Erfindungen des 19. Jahrhunderts: den Trommelrevolver von Samuel Colt und die nach ihrem Erfinder Eugène Bourdon benannte Röhre. Die Bourdonsche Röhre ist ein beiderseits geschlossenes, gebogenes Rohr von elliptischem Querschnitt. Bei Druckänderungen in seinem Innern streckt es sich mehr oder weniger – Grundlage für verbreitete Manometer.

Flugzeugmotor: Kombination aus Schwingen und Revolver

Der Erfinder sagte sich: Periodische Druckschwankungen lösen periodische Rohrstreckungen aus. Verbindet man die Rohrenden über Hebel mit Flügeln, können diese auf und ab bewegt werden. Wo aber die sich wiederholenden Druckstöße hernehmen? Hierfür mußte das Prinzip des Trommelrevolvers herhalten. In einer drehbaren Trommel wurden nacheinander kleine Pulverentladungen gezündet. Die Druckstöße veränderten die Streckung der Bourdonschen Röhre und bewegten so die Flügel, drehten die Trommel schrittweise weiter und zündeten jeweils die nächste Ladung. Daß diese Konstruktion von vornherein nur als Modell denkbar war, ist selbstverständlich. Wie etwa hätten Patronenmagazine für einen längeren Flug gestaltet sein müssen? Warum kam der Erfinder nicht auf den Gedanken, den Explosionsrückstoß auszunutzen?

Nachdem Otto Lilienthal, die Wrights und andere bewiesen hatten, daß man mit Hilfsmitteln »schwerer als Luft« tatsächlich fliegen und nicht nur »hüpfen« kann, kam es darauf an, weit, stabil und sicher zu fliegen. Auch bei Ansteuerung dieses Zieles blieben Irr- und Umwege nicht aus. Sie resultieren in der Mehrheit daraus, daß Erfahrungen und die meisten Gesetzmäßigkeiten erst parallellaufend mit der Flugtechnik gesammelt, erkannt und genutzt wurden. Das wirkte sich bereits auf die äußeren Formen der Flugapparate aus. Noch immer erinnerten manche an eine Fledermaus; bei anderen hatten offenbar Raubvögel Pate gestanden. Das »Entenflugzeug« mit vor den Tragflächen liegenden Steuerflächen war gleichfalls häufig vertreten. Es tauchte in den folgenden Jahrzehnten mehrfach auf und gilt sogar für die Zukunft nicht als völlig »abgeschrieben«, weil es günstige Stabilitätseigenschaften aufweist.

Allgemeine Vorstellung war: je größer die »tragende« Fläche, desto besser. Da *einer* Tragfläche technische Grenzen gesetzt waren,

Flugzeuge mit mehreren Tragflächen

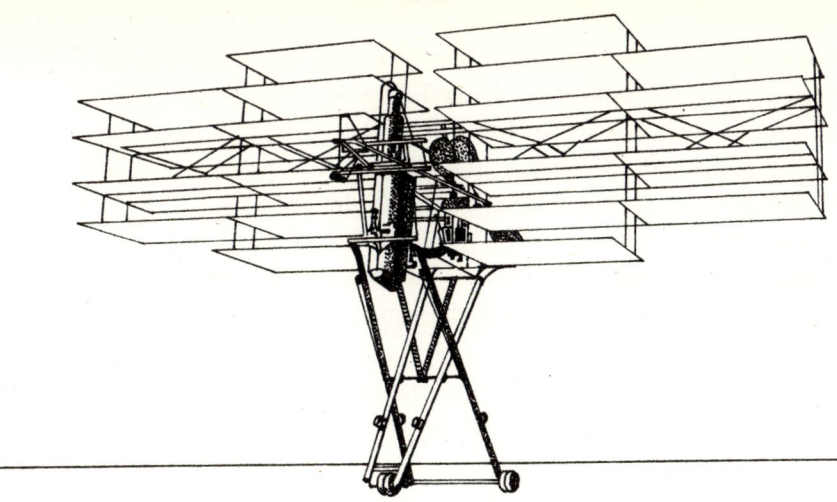

Hofmanns
Drachenflieger
1906

unterteilte man sie in mehrere kleinere (bis zu 5, mitunter darüber) und brachte sie übereinander an. Im ersten Weltkrieg flogen »Dreidecker« als Jagdmaschinen; den robusten bewährten »Doppeldekker« kennen wir alle.

Mit dem Fahrwerk tat man sich ebenfalls schwer. Das Vorbild Vogel konnte nicht übernommen werden. Man suchte ihm jedoch nahezukommen, z. B. durch schwenkbare Fahrwerkbeine oder durch Fahrwerkkonstruktionen, die eine Schrägstellung des Rumpfes und damit des Flügelanstellwinkels bei Start und Landung gestatteten. An »Hofmanns Drachenflieger« aus dem Jahre 1906 sind Vielflügelprinzip und »Vogelbeine« deutlich zu erkennen. Daß er vorübergehend durch einen eigens konstruierten Kohlendioxidmotor angetrieben werden sollte, sei am Rande vermerkt.

Getreu dem Spruch »viel hilft viel« wurden zeitweise auch die Luftschrauben immer größer. 6 m, 7 m, schließlich 9 m Durchmesser waren durchaus nicht selten.

Aus dem fliegenden Fahrrad war nicht viel geworden — wie stand es um das »fliegende Automobil«? Die Vorstellung eines Automobils, das fahren, schwimmen und fliegen kann, bewegte die Gemüter schon um die Jahrhundertwende — sie tut es bis heute. Während Amphibienfahrzeuge längst existieren und für vielerlei Sonderzwecke eingesetzt werden, wird am fliegenden Fahrzeug oder am fahrenden Flugzeug noch immer experimentiert.

Fahrendes Flugzeug, fliegendes Fahrzeug

Es begann, bald nach 1900, mit zusammenfaltbaren Flügeln (Vorbild Fledermaus!). Später schälten sich im wesentlichen zwei Richtungen heraus. Bei der einen wurden Flügel, Leitwerk und Luftschraube aufs Autodach gesetzt und mit »wenigen Handgriffen« (???) montiert. Der Besitzer eines solchen Gefährts schraubte Flügel an, wenn er fliegen wollte. Allerdings konnte dieses Umrüsten nur vor dem Garagentor geschehen. Etwa einem (damals noch seltenen) Stau oder Schlaglöchern von der Fahrbahn aus davonzufliegen war nicht möglich. Das verlockende Ziel, eine Straße, einen Flugplatz anzusteuern, zu landen und die Fahrt auf dem Asphalt fortzusetzen, war ebenfalls nicht zu verwirklichen.

In den späten vierziger Jahren erschienen trotzdem mehrfach solche Modelle auf dem Markt. Sie waren hauptsächlich aus den Konstruktionsabteilungen kapitalistischer Firmen für Militärflugzeuge hervorgegangen, die auf diese Weise unter anderem versuchten, den durch das Kriegsende »drohenden« Rückgang ihrer Profite teilweise zu kompensieren. So konnte man auf Highways in den USA bisweilen einen dreirädrigen, stromlinienförmigen Kraftwagen sehen, dessen Motor die beachtliche Leistung von 130 PS (96 kW) hergab. Dieser trieb freilich nicht nur die Räder an, sondern diente auch als Flugmotor, nachdem das Fahrzeug in einen Hochdecker umgewandelt worden war. Dazu wurde das Flugwerk (Rumpf, Tragflächen, Leitwerk) durch Bolzen mit dem Fahrzeug verbunden, die Luftschraube angebracht und das Steuergestänge zusammengekuppelt. 180 km/h erreichte dieser Zwitter als Flugzeug, 90 km/h als Kraftwagen. Die Zahl der Vorbestellungen war jedoch so gering, daß eine größere Serie erst gar nicht aufgelegt wurde.

Auto-Flugzeug oder Flugzeug-Auto? um 1950

Flugzüge sollten Treibstoff sparen helfen
1921

Auch der zweite Weg, nämlich das Flugwerk in den Kraftwagen zu integrieren, fand wenig Anklang. Typisch für diese Richtung war ein von dem italienischen Flugzeugkonzern Savoia-Marchetti um 1950 entwickeltes Auto-Flugzeug. Fahrwerk, Fahrgastkabine, Leitwerkträger und Leitwerk bildeten eine konstruktive Einheit. Die Luftschraube war hinter der Kabine angeordnet. Für Straßenfahrten wurden die Tragflächen an den Rumpf geklappt. Die Geschwindigkeit in der Luft lag bei 225 km/h, auf der Straße bei 70 km/h.

Auch ähnlichen Ausführungen blieben größere Erfolge versagt. Ein Start aus der Straßenfahrt heraus war nach wie vor nicht möglich, weil zuvor die Flügel »entfaltet« werden mußten. Die dazu unumgängliche minutenlange Behinderung des Straßenverkehrs hätte wohl kaum den Beifall der nachfolgenden und entgegenkommenden Fahrer gefunden. Andererseits hätte der Pilot in Siedlungsnähe wohl selten eine von Leuchtenmasten, Leitungen und anderen Hindernissen freie Start- oder Landestrecke entdecken können. Nicht zuletzt war der Preis — ein Vielfaches desjenigen für Kraftwagen — nicht gerade verkaufsfördernd. So hört und liest man gegenwärtig wenig vom fliegenden Automobil, wobei als wichtige Ursache allerdings auch die rasche Entwicklung des Hubschraubers zu nennen ist (Vgl. S. 152).

Flugzeugschlepp mit Segelflugzeugen

Das Hochschleppen von Segelflugzeugen hat sich allgemein eingeführt. Es begann in den ersten zwanziger Jahren, allerdings mit anderer Zielsetzung. Versuche, mit Schwimmern ausgerüstete Segelflugzeuge durch Motorboote auf Startgeschwindigkeit bringen zu lassen, waren erfolgreich verlaufen. Auch Schleppen durch Kraftwagen und Motorflugzeuge gelang ohne große Schwierigkeiten. Konnte man nicht weitergehen und das Prinzip des Schleppzuges oder auch des Güterzuges auf »Flugzeuge« übertragen?

Ein leistungsstarkes Motorflugzeug sollte doch in der Lage sein, mehrere motorlose Segler zu schleppen. In der Luft ließ sich das, wie vereinzelte Versuche zeigten, ganz gut an — allerdings unter der Voraussetzung, daß in jedem Segelflugzeug ein erfahrener Pilot saß, der auch mit den zusätzlichen Belastungen durch voraus- und nachfliegende »Zugglieder« fertig wurde. Landen sollten die Glieder selbständig. Der Start einer solchen Flugzeugkette bereitete allerdings erhebliche Schwierigkeiten. Starthilfen wurden vorgeschlagen, die von Zugmannschaften über Winden bis zu Startraketen reichten. Trotzdem wurden niemals Flugzüge eingesetzt. Startraketen hingegen haben sich erhalten, und im Lastensegler für die Militärluftfahrt ist ein Rest des Flugzuges zu erkennen.

14

Noch im 19. Jahrhundert
erwartete man das Videotelefon
Geisterstimmen sollten Angst machen
Lichtsprechgerät: Sender · Lichtsprechgerät: Empfänger
Morsetafel für „Nichtmorser"
Antenne — diesmal aufgepumpt
Der Empfänger hinter dem Ohr
Infrarot gegen Eisberge
Navigiere mit Schall!

Informationen unterwegs

»Ich habe den Gedanken erwogen, Worte, die unterwegs gesprochen werden, in Bleiröhren aufzufangen, und sie dann, solange es mir gefällt, verschlossen aufzubewahren, so daß die Worte herausschallen, wenn der Deckel geöffnet wird.«

Wer denkt bei diesem Zitat nicht an das Horn des Lügenbarons Münchhausen, das am warmen Ofen die in grimmer Kälte eingefrorenen Weisen des Postillons wiedergab?

Ob Giambattista della Porta (1538–1615) seinen Vorschlag jemals in die Tat umzusetzen versucht hat, möge offenbleiben. Fest steht, daß in jener Zeit Möglichkeiten der Nachrichtenübermittlung und -speicherung Gelehrte und Erfinder zunehmend interessierten.

Die weiträumigen, auf Kurierstafetten, Fackel- oder Rauchzeichen basierenden Nachrichtensysteme der alten Großreiche waren mit diesen vergangen. Erst der sich entwickelnde und ausbreitende Handel und Wandel benötigte wieder sichere und schnelle Nachrichtenverbindungen. Schalleitende Röhren und Fäden, eine breite Palette optischer Verfahren, magnetische und elektrische Erscheinungen sollten für ihre technische Verwirklichung herhalten.

Nicht alles Ersonnene erwies sich als prinzipiell machbar; vieles scheiterte an der Klippe der praktischen Bewährung, manches war so abwegig, daß es nur belächelt wurde. Einiges aber führte weiter.

Dies gilt nicht nur für die damalige Zeit. Die spätere Telegrafen-, Fernsprech- und nicht zuletzt die drahtlose Nachrichtentechnik trieben gleichfalls seltsame Blüten, die bald abfielen oder die wir kopfschüttelnd bestaunen. Denken wir nur an die zu Beginn der Halbleitertechnik euphorisch gepriesene Miniaturisierung am falschen Platz, die uns briefmarkenkleine Fernsehbildschirme oder Rundfunkempfänger im Brillenbügel als erstrebenswerte Ziele weiszumachen suchte ...

»Abhörwanzen« und »Geisterstimmen« sind nicht erst Auswüchse mißbrauchter Elektronik. Ähnliches existierte schon, als an den Mittelmeerküsten »Elektron« lediglich die Bezeichnung für ein aus dem Norden stammendes Harz war.

Abgehört wurde durch Röhren, deren Enden in Beratungsräumen oder Privatgemächern geschickt getarnt waren. Geisterstimmen gingen den umgekehrten Weg. Sie erklangen allerdings meist aus Götterstatuen und nicht wie jüngst in bayerischen Landen aus Toiletten, Waschbecken und Zahnarztstühlen.

Schallschwingungen sind, so sollte man meinen, kaum für die Nachrichtenfernübertragung geeignet. Weit gefehlt! 1828, nachdem es in vielen Ländern optisch-mechanische Telegrafenlinien gab und

Schallwellen, magnetische und elektrostatische Kräfte

die elektrische Telegrafie sozusagen an die Tür klopfte, trat, an antike Vorbilder anknüpfend, ein Franzose mit seinem »Telephonium« an die Öffentlichkeit. Buchstaben, Silben und Wörter sollten nach vereinbartem Code in Töne umgesetzt und über zahlreiche Zwischenstationen weitergeblasen werden. Es versteht sich, daß aus dieser »Vielharmonie« nichts wurde.

Geisterstimmen sollten Angst machen 1560

Daß Magnetnadeln durch eine fernwirkende Kraft gerichtet wurden, sich aber andererseits durch in der Nähe befindliche magnetische Gegenstände ablenken ließen, regte zu mancherlei Gedanken und Versuchen über magnetische Nachrichtenübermittlung an.

»Ich zweifle nicht daran, daß man mit Hilfe zweier mit dem Alphabet umschriebenen Schiffskompasse dem Freund, selbst wenn er im Gefängnis sitzen und eingeschlossen sein sollte, Nachrichten zugehen lassen könnte«

schrieb der bereits genannte Porta 1589.
Das sollte durch »geeignete Hilfsmittel« auch auf große Entfernung möglich sein — nur wurden solche Hilfsmittel niemals gefunden, und alle Versuche scheiterten, auf diese Weise einen brauchbaren magnetischen Telegrafen zu konstruieren.

Den ersten elektrischen Telegrafen erging es nicht anders. Bis zu Beginn des 19. Jahrhunderts kannte man nur die »statische«, durch Reibung gewonnene Elektrizität. Sie bewirkte, daß leichte geladene Körper einander sichtbar anzogen oder abstießen, ließ sich durch manche Materialien fortleiten und trat in Funken sichtbar in Erscheinung.

Diese Beobachtungen wurden nun immer wieder technisch kombiniert. Schon 1736 soll ein schottischer Mönch eine Haussignalan-

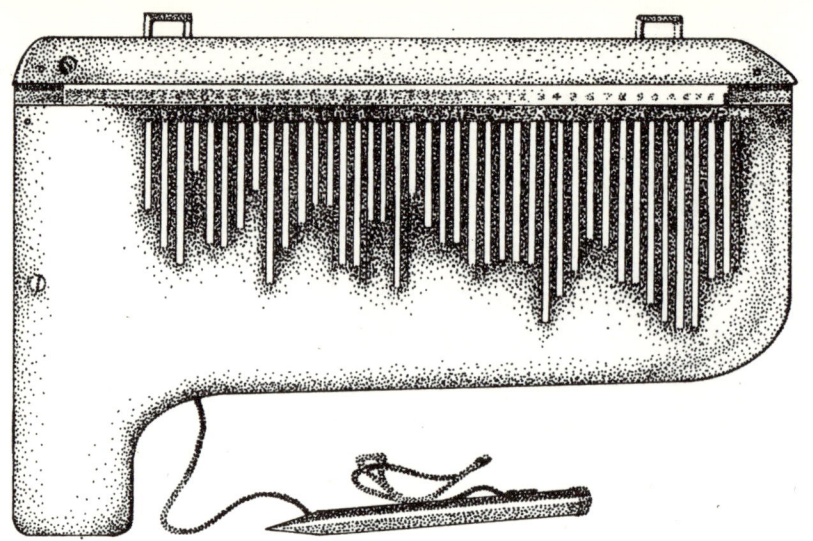

Morsetafel für
»Nichtmorser«
nach 1914

lage benutzt haben, bei der sich Wollfäden unter dem Einfluß von Elektrizität spreizten und so zur Zeichengabe benutzt wurden. Etwas später schlug ein anderer Schotte vor, jedem Buchstaben eine Leitung und Holundermarkkügelchen zuzuordnen, die sich, wenn sie geladen wurden, gegenüber einem geerdeten Blech bewegten. Daß dieses Verfahren schon wegen des Leitungsaufwandes ausschied, hätten die sprichwörtlich sparsamen Schotten wissen sollen. Es war aber außerdem noch nicht möglich, längere Leitungen dauerhaft zu isolieren.

Ein Nachfolger wollte mit zwei Leitungen auskommen, die Holundermarkkügelchen weglassen und an ihrer Stelle Funken nach einem verabredeten System überspringen lassen. Dieser im Grunde vernünftige (wenn auch mit den verfügbaren technischen Mitteln nicht ausführbare) Gedanke wurde von Zeitgenossen als völlig unsinnig abgetan, wobei sogar die zu große Brandgefahr als Argument angeführt wurde.

Ein anderer Erfinder wollte aus Stanniolschnitzeln Zeichen auf Glasplatten kleben, denen Elektrizität zugeleitet werden sollte. Zwischen den Schnitzeln würden dann Fünkchen überspringen, im verdunkelten Raum sei das Zeichen zu erkennen. Zu ernsthaften Versuchen, diesen Telegrafen auszuführen, ist es nicht gekommen.

Die Beobachtung, daß sich Schall in Körpern weiter als in Luft ausbreitet, stand Pate bei dem als Spielzeug bekannten »Fadentelefon«, bestehend aus zwei offenen Papp- oder Blechdosen und einem dazwischen ausgespannten Faden. Zu Beginn des 19. Jahrhunderts variierte ein Ungar den Grundgedanken und schlug vor, Wasserleitungen »durch Umhüllen mit preiswertem Material« so zu schützen, daß aus ihnen seitwärts »kein Schall entwiche«. Dann könne sich jeder Stadtbewohner mit jedem anderen unterhalten. Wäre das ausführbar gewesen — welch Durcheinander hätte das gegeben, welche Informationsquelle für Neugierige hätte sich da erschlossen und — wie glücklich wären Baufachleute heute über ein solches peiswertes Material zur Schallisolierung!

Die elektromagnetischen Telegrafen, die sich, besonders in der Ausführung Morses, rasch einbürgerten, lösten eine Welle weiterer Erfindungen aus. Zwei Richtungen dominierten: Man wollte ohne Mitwirkung des speziell ausgebildeten Morsetelegrafisten sofort für jedermann lesbare Telegramme erhalten, und man war bestrebt, die teuren Leitungen möglichst gut auszunutzen. Letzteres ließ sich durch schnellere Zeichenübertragung oder durch gleichzeitige Übermittlung mehrerer Nachrichten erreichen. Beides gelang.

Mit einer ungewöhnlichen Umsetzung von Buchstaben und Zif-

Notruffernsprechzelle, schon vor über hundert Jahren bewährt 1878

fern in Morsezeichen behalf man sich, an einen Gedanken Morses anknüpfend, während des ersten Weltkrieges. Artilleriebeobachter in Flugzeugen wurden mit Funksendern ausgerüstet, konnten aber meistens nicht »morsen«.

Kontakttafeln ersetzen Morsekenntnisse

Sogenannte Kontakttafeln boten eine einfachere Lösung. In eine Platte aus Isoliermaterial sind zeilenweise nach Länge und Anordnung den Morsezeichen entsprechende Kontaktsegmente eingelassen. An der Tafelunterseite werden alle Segmente mit dem Stromkreis zum Ein- und Ausschalten des Senders verbunden. Fährt man mit einem Kontaktstift über die Segmente einer Zeile, wird der Sender im Zeichenrhythmus getastet. Die Bedeutung der jeweiligen Segmentanordnung war auf einer Buchstabenskale am Rande der Zeilen angegeben. Aufgenommen wurden die Zeichen in gewohnter Weise durch Funker in den Bodenstationen.

Der Fernsprecher von J. Ph. Reis (1860) wurde als »nutzlose physikalische Spielerei« bewertet. Aber selbst das von A. G. Bell (1847–1922) verbesserte und auf den Markt gebrachte Telefon wurde anfänglich nicht optimistisch beurteilt:

»Im ganzen sind die Erwartungen, die man früher an das Telephon setzte, bedeutend gesunken ... Hauptsächlich kommt das Telephon in Anwendung zwischen verschiedenen Räumen eines Etablissements ... Dagegen ist wenig Aussicht vorhanden, daß dasselbe auf weitere Entfernung an die Stelle des Telegraphen treten werde«

lesen wir im »Jahrbuch der Erfindungen 1879«.

Als dies gedruckt erschien, existierten in amerikanischen Großstädten bereits Notruf-Fernsprechzellen für Streifenpolizisten.

Wenige Jahre nach der Entdeckung, daß Selen auf Lichtschwankungen mit Widerstandsänderungen reagiert (1873), konstruierte A. G. Bell sein »Photophon« (1881), einen Vorläufer späterer Lichtsprechgeräte. Es rief damals nur Kopfschütteln hervor, teilweise unter dem Motto, daß »der Erfinder des Telephons sich bei einem Erfolg selbst das Wasser abgraben würde«. Bell und sein Mitarbeiter S. Tainter ließen sich dadurch nicht abhalten und übertrugen schließlich »Lichtgespräche« auf Distanzen um 200 m.

Schon vor einem Jahrhundert: Lichtstrahl trägt Sprache

Der Empfänger glich im Prinzip den gegenwärtig verwendeten (wenngleich heute andere und vor allem verstärkende Bauelemente verfügbar sind): Im Brennpunkt eines Parabolspiegels war eine lichtempfindliche Selenzelle angeordnet und in Reihe mit einem Fernhörer und einer Batterie zu einem Stromkreis verbunden. Lichtschwankungen riefen in diesem entsprechende Stromschwankungen hervor. Erfolgten sie im Rhythmus von Tonfrequenzen, regten sie die Membran des Fernhörers zu Schallschwingungen an.

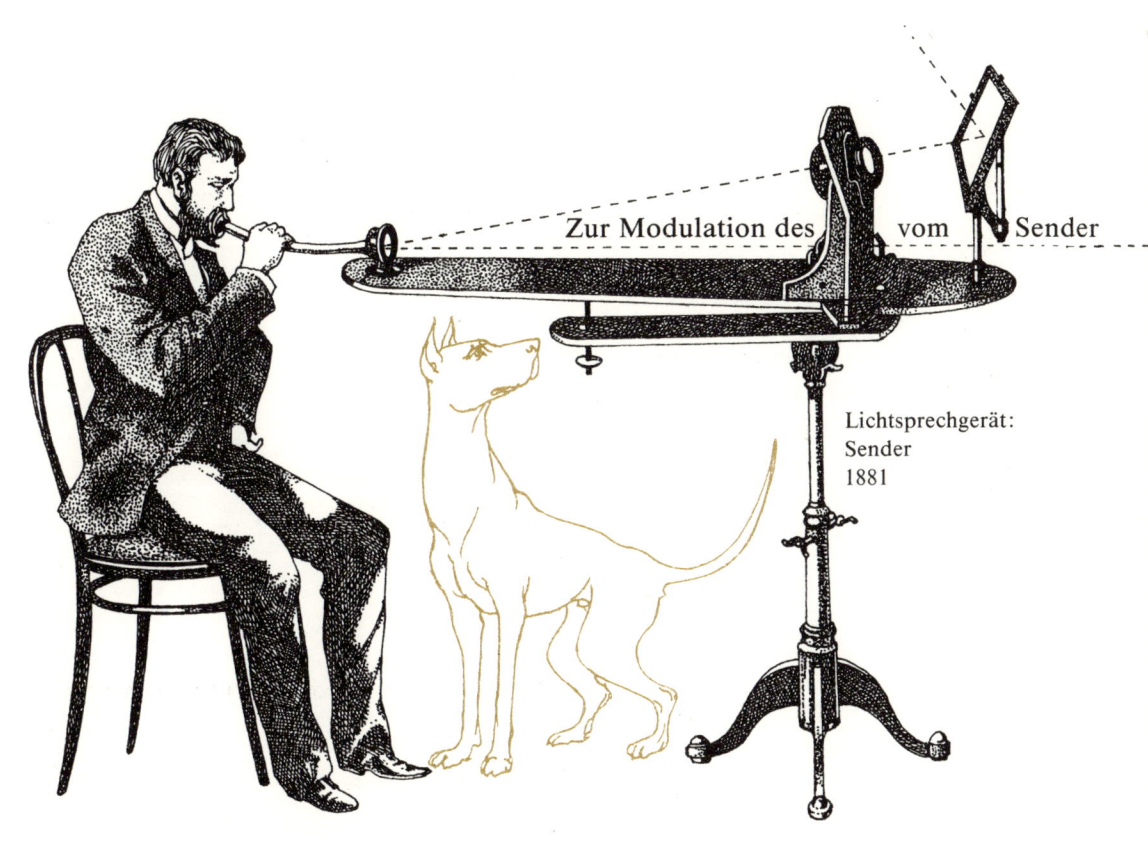

Zur Modulation des vom Sender

Lichtsprechgerät:
Sender
1881

zum Empfänger
gerichteten Lichtstrahls wurde Sonnen- oder
Bogenlampenlicht über einen Spiegel
und eine Sammellinsenanordnung
auf eine verspiegelte Membran gelenkt.

Diese schloß ein verlängertes Mundstück
elastisch ab und wurde beim Sprechen
in Schwingungen versetzt,
die sich dem von der Membran reflektierten
Strahl aufprägten. Nach Passieren einer
weiteren Linsenanordnung trat der Strahl
den Weg zum Empfänger an.

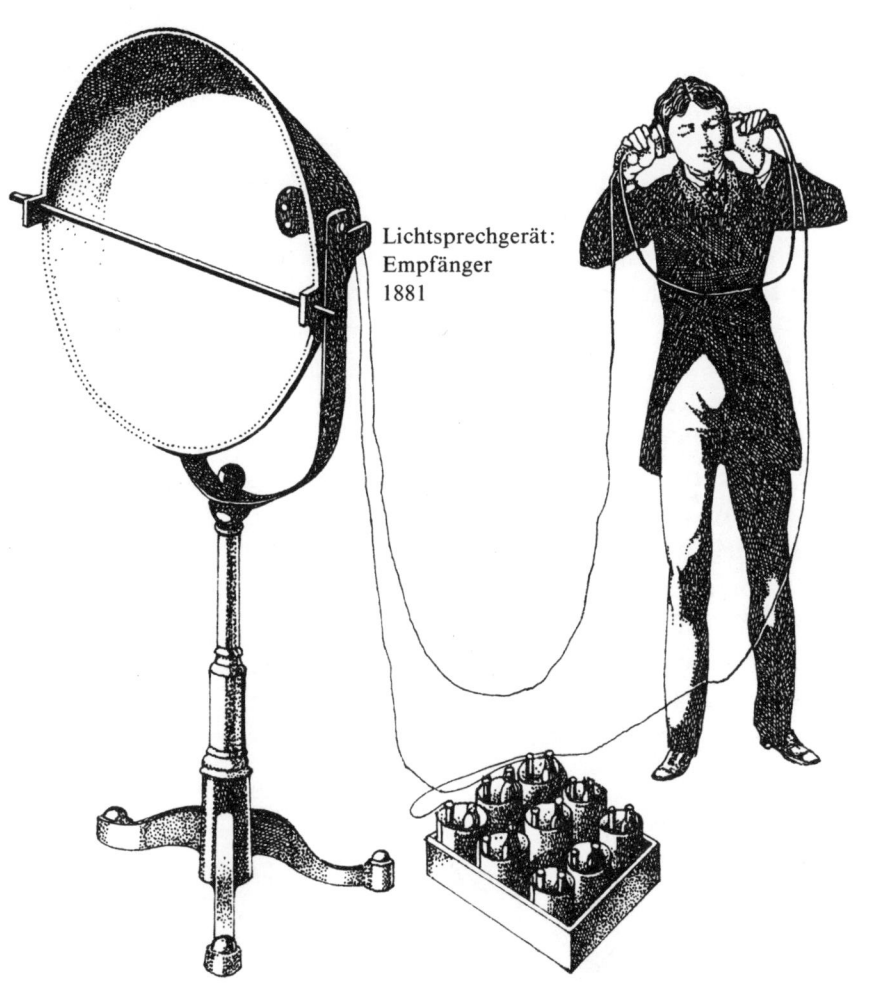

Lichtsprechgerät:
Empfänger
1881

Mit einem Zeitgenossen des jungen Telefons ging es zunächst langsamer voran: Man machte sich Gedanken, wie man bildliche Darstellungen telegrafieren könne. Das auch heute gültige Prinzip, Bilder in einzelne Elemente zu zerlegen, diese nach Umwandlung in elektrische Signale zeitlich nacheinander zu übermitteln und am Ziel wieder zum Bild zusammenzusetzen, wurde schon damals erkannt. Seine Verwirklichung gelang jedoch nur in unbefriedigendem Maße, etwa auf dem Umweg über sehr langsame elektrochemische Verfahren.

Richtungweisende Impulse gingen auch diesmal vom Selen aus. Zwar ließen einsatzfähige Bildtelegrafen trotzdem noch ein Vierteljahrhundert auf sich warten. Schon damals aber wurde ein Gedanke geboren, der — obwohl hier und da längst technisch realisiert — noch immer umstritten ist: Man wollte mit dem Fernsprechpartner nicht nur reden, sondern ihn zugleich auch sehen können. Immer wieder malte man sich mit viel Phantasie und mitunter wenig Sachverstand Möglichkeiten aus, die ein Fernsehtelefon zu bieten haben würde. Daran übrigens hat sich bis heute wenig geändert.

Anfänge der Schall- und Infrarotortung

Wir können die Herkunftsrichtung von Schall bestimmen, weil unsere Ohren wegen ihres Abstandes von Schallwellen mit geringen Laufzeitunterschieden erreicht werden. Die Richtungsbestimmung wird präziser und erleichtert, wenn man den Abstand vergrößert. Auf dieser Grundlage arbeiteten Schallortungsgeräte, die in der vorelektronischen Zeit vor allem im militärischen Bereich eine Rolle spielten. Für zivile Zwecke, und zwar für die Kollisionsverhütung von Schiffen im Nebel, wurden sie schon 1880 erprobt. Der Navigator schnallt sich zwei Schallaufnahmeköpfe an. Von jedem führt ein schalleitender Schlauch zu einem Ohr. Diese »mechani-

Noch im 19. Jahrhundert erwartete man das Videotelefon um 1895

Navigiere mit Schall! 1880

sche« Einrichtung wurde später durch Mikrofone und Kopfhörer abgelöst. Daß sich dahinter die heutige Stereofonie verbirgt, sei am Rande vermerkt.

Schiffe im Nebel machen sich durch akustische Signale bemerkbar; Eisberge schweigen und sind deswegen noch gefährlicher. Ihre Nähe durch fortlaufende Messungen der Luft- und Wassertemperatur festzustellen war nur ein Notbehelf. Die Entdeckung der Wärmestrahlung (Infrarotstrahlung) bot bessere Lösungswege an. Mit infrarotempfindlichen Strahlendetektoren sollte sich die von einem Eisberg ausgehende und von der Strahlungsintensität der Umgebung abweichende Infrarotstrahlung nach ihrer Herkunftsrichtung bestimmen und zur Betätigung einer Alarmanlage ausnutzen lassen. Allerdings waren, wie man aus langer Laborpraxis wußte, solche Abweichungen nur sehr gering und daher für das Auslösen von Steuer- oder Alarmsignalen zunächst nicht geeignet. Dies änderte sich mit der Erfindung der Verstärkerröhre. Vorschläge für Eisbergwarngeräte zählten zu den ersten Anwendungen der Elektronik außerhalb der Nachrichtentechnik.

Infrarot gegen
Eisberge
1923

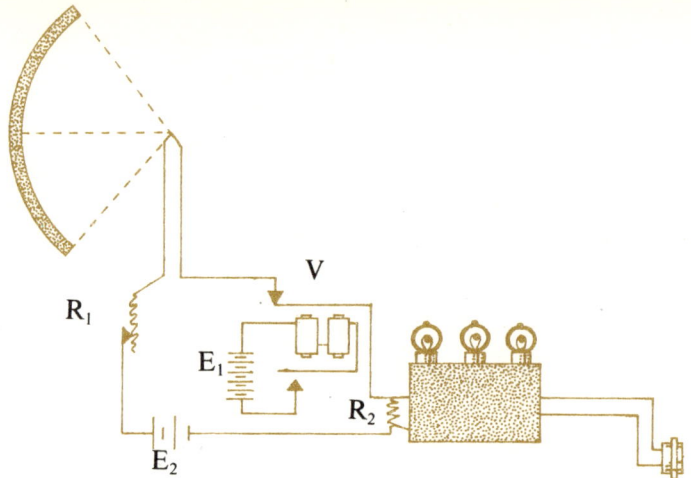

Ein Parabolspiegel tastet das Gebiet vor dem Schiff ab und konzentriert empfangene Wärmestrahlung auf ein Thermoelement im Brennpunkt. Die entstehende Thermospannung treibt einen schwachen Strom durch den aus V, R_2, E_2 und R_1 gebildeten Stromkreis. Der an R_2 auftretende Spannungsabfall liegt am Verstärkereingang und wird mehrtausendfach verstärkt. Durch den »Vibrator« V, einen elektrischen Summer, wird der Strom rhythmisch so unterbrochen, daß am Verstärkerausgang eine tonfrequente Spannung für den angeschlossenen Kopfhörer verfügbar ist. Wird die »normale« Thermospannung mit Hilfe der Gegenspannung E_2 und durch Einstellen von R_1 kompensiert, machen sich am Verstärkerausgang nur Temperaturänderungen bemerkbar.

Durch die Ultraschalltechnik wurden diese Warngeräte, die ohnehin nur auf den Überwasserteil von Eisbergen ansprachen, abgelöst. In jüngster Zeit allerdings hat die Infrarotpeilung für spezielle Aufgaben und mit besseren technischen Hilfsmitteln wieder erheblich an Bedeutung gewonnen.

Die Funktechnik führte, vor allem in ihrer Anfangsphase, zu vielerlei kuriosen Vorstellungen und Erfindungen.

Teilweise entsprangen sie den noch unzureichenden Kenntnissen über die Ausbreitung elektromagnetischer Wellen. So tauchte noch vor dem ersten Weltkrieg der Gedanke auf, durch *einen* leistungsstarken Zeitzeichensender die Uhren der ganzen Welt im Gleichtakt zu halten. Hätte man den Sender bauen können — das Ergebnis hätte trotzdem nicht befriedigt, weil Funkwellen über große Entfernungen sich eben doch nicht so konstant ausbreiten, wie man damals annahm.

Die um die gleiche Zeit entdeckte Möglichkeit der Funkpeilung löste »hochfliegende« Pläne aus. Zur sicheren Navigation bei einer künftigen Luftfahrt dachte man sich die ganze Welt mit einem Netz von »Funkleuchttürmen« bedeckt. Der Pilot, der zwei davon anpeilte, konnte jederzeit seinen Standort feststellen. Sogar *ein* Funkleuchtturm würde, so die Annahme, zur Standortfeststellung ausreichen, »weil sich aus der Empfangslautstärke die Entfernung zum Sender recht genau abschätzen läßt«. Daß das nicht stimmte, hätten schon wenige Versuche gezeigt.

Rund um den Rundfunk

Ebenso irreal war ein Vorschlag aus der Anfangszeit des Rundfunks. Man dachte daran, Sendefrequenzen nicht nach geographischen Gesichtspunkten, sondern »programmorientiert« zu verteilen: Wer seinen Empfänger beispielsweise auf 1 000 kHz abstimmte, sollte rund um die Uhr klassische Musik hören können, auf einer anderen Frequenz ununterbrochen Nachrichten aus aller Welt, auf einer dritten Unterhaltungssendungen, auf einer vierten Bildungsprogramme usw. Solche Ideen ließen sich nicht verwirklichen. Abgesehen von organisatorischen und programmgestalterischen Problemen, hätte jeder Sender überall gleich gut zu empfangen sein müssen. Das aber war und ist nicht der Fall.

Für den Rundfunkhörer der zwanziger Jahre war eine leistungsfähige Antenne unentbehrlich. Sie wurde, wo immer das möglich war, als Außenantenne, als »Hochantenne« angebracht. In allen anderen Fällen mußte man auf »Zimmerantennen«, auf Behelfsan-

Antenne – diesmal aufgepumpt 1925

tennen, zurückgreifen. »Not macht erfinderisch«, hieß es hier; zahlreiche geschäftstüchtige Fabrikanten legten das auf ihre Weise aus.

Ihr Angebot reichte von Metallfolien, auf oder hinter die Tapete geklebt, bis zu als Blumenstrauß, Ofenschirm oder Stehlampe getarnten Antennen. Zwei besonders merkwürdige Erzeugnisse seien genannt: Es gab die nicht ungefährliche »Lichtnetzantenne«, bei der die Netzleitung über einen Schutzkondensator mit dem Antennenanschluß des Empfängers verbunden wurde und die bei dem anfänglich verbreiteten Kopfhörerempfang Ursache manch tödlichen Unfalls war. Für transportable Geräte sah man den »Radiopneu« vor. Ein Fahrradschlauch erhielt eine Stoffumhüllung mit eingewebter Antennenlitze. Wer Radio hören wollte, pumpte den Schlauch auf, schloß den Empfänger an — fertig. Übrigens konnte man sich auch ein drehbares Bücherschränkchen mit Richtantenne an der Innenwand zulegen.

Bei den Empfangsgeräten selbst versuchte man vor allem durch ungewöhnliche äußere Gestaltung, Kunden zu verführen. So erfahren wir über die Pariser Funkausstellung 1927:

»Der erste Eindruck ist überwältigend... Eine chinesische Truhe birgt in sich einen kompletten Empfangsapparat. Ein Schreibtisch als Zehnröhrenapparat mit ›garantiert Amerikaempfang‹ prunkt den Pariser Amerikanern entgegen. Zwölf Lederrückenbände Victor Hugos entpuppen sich als Siebenröhrenapparat. Überall fällt Schönheit der Formen in die Augen. Einige Lautsprecher zeigen die alte Trichterform des Grammophons..., ein künstlerisch ausgeführter Lautsprecher in Ton ruht als Gefäß auf den Schultern von drei griechischen Sagenfiguren. Als Ganzes ungemein wirkungsvoll... Besonders sind unter den zahlreichen Schrankapparaten wahre Kunstwerke vorhanden. Echt japanische Lackschränkchen, antike gotische Truhen beherbergen Empfänger, Batterien, Rahmenantenne und Lautsprecher...«

Nur den Geschmack weniger (Begüterter) trafen solche Produkte. Bald setzte sich die Ansicht durch, daß technische Geräte nicht nur »technisch« aussehen dürfen, sondern dabei auch ansehnlich sein können.

Ausnahmen bestätigen auch heute und hier die Regel. Der Empfänger im Bauch einer Buddhafigur und das Farbfernsehgerät in einem Bierfäßchen belegen es. Zum Glück blieben solche Entgleisungen selten.

Versuche, kleine, leichte, vom Lichtnetz unabhängige Empfänger zu konstruieren, hatten, solange man auf Elektronenröhren angewiesen war, nie zu voll befriedigenden Resultaten geführt. Bei den trotzdem produzierten Kofferempfängern lag die Betonung stets

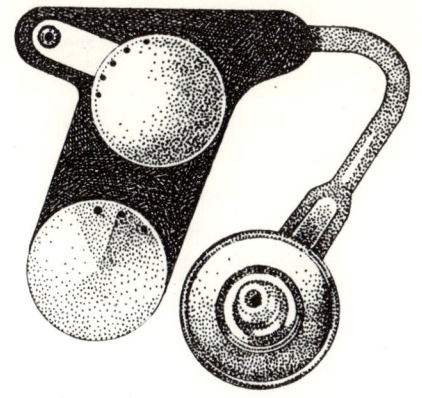

Der Empfänger hinter dem Ohr nach 1960

auf dem ersten Teil des Wortes. Die Halbleitertechnik mit ihren kleinen, energiesparsamen und leichten Bauelementen schuf hier gründlich Wandel. Nicht nur, daß viele Millionen in Gegenden ohne Zeitungen und Stromversorgung jetzt die Möglichkeit erhielten, sich wenigstens akustisch über das Weltgeschehen zu informieren, auch der wirklich »kleine« Empfänger wurde nun Realität.

Er schrumpfte, wenn auch häufig mit Konzessionen an Empfindlichkeit und Wiedergabequalität, immer weiter, wobei man bald auch mit extrem verkleinerten Ausführungen über das Ziel hinausschoß.

Was wurde auf diesem Wege nicht alles ausprobiert! So kam in der Sowjetunion zu Beginn der sechziger Jahre ein Kleinstempfänger in den Handel, etwa so groß, aber flacher als eine Streichholzschachtel. Er wurde als Brosche getragen und gestattete den Empfang naher Sender.

Ohrempfänger und Brillenfernseher

Wenig später folgten in mehreren Ländern die ersten »Ohrempfänger«. Ausgerüstet mit einem Miniaturhörer, wie er für Hörhilfen verwendet wird, wurden sie einfach hinter das Ohr gehängt. Zur Senderwahl und Lautstärkeneinstellung waren zwei kleine Drehknöpfe oder Schieber vorgesehen. Bald folgten Empfänger in Brillenbügeln oder als Haarspange. Auch der Radioempfänger im Hut ließ nicht lange auf sich warten. Es gibt ihn gegenwärtig wieder, sogar mit Sonnenbatterien zur Stromversorgung in der Hutkrempe.

Einen Knüller besonderer Art dachten sich um 1965 amerikanische Elektroniker und Textilfachleute aus: den »Radioanzug«. Ein Kleinempfänger ist in das Jackett eingenäht, ein breiter Streifen metallischer Antennenfolie in das Futter. Bedient wird das Wunderwerk über farbige Knöpfchen am Revers. Am Hinterteil des Jackettkragens sind zwei winzige Lautsprecher angeordnet. Leider wurden niemals Verkaufszahlen für das elektronische Sakko veröffentlicht...

Auch der »Armbanduhrsender«, mit dessen Hilfe man über mehr als 10 m einen Empfänger ansprechen, elektrische Geräte oder das Garagentor steuern konnte, wurde kein Verkaufsschlager.

Die Resultate des Hörrundfunks ließen Fernsehtechnikern keine Ruhe: Der Kleinstfernseher mußte her, auch wenn alle Welt für Heimfernseher möglichst große Bildschirme verlangte. Tatsächlich gelang es nach Entwicklung von Bildröhren mit einer Schirmdiagonale von 4 cm bis 6 cm, solche Minigeräte zu konstruieren, erst mit den Abmessungen einer Kleinbildkamera, dann mit denen von vier oder fünf aufeinandergelegten Taschenkalendern. Ganz Verwegene träumten bereits vom Bildschirm in der Armbanduhr oder der Spezialbrille mit angebautem Fernseher.

Daß solche Konstruktionen möglich waren, zeugte zwar von der Leistungsfähigkeit der Elektronik, machte aber zugleich deutlich, daß dieser Weg in die Irre führte. Er wurde auch nicht wieder beschritten, als sich durch die Mikroelektronik Voraussetzungen und Aussichten verbessert hatten. Wie sinnvoll Mikronachrichtengeräte für andere Aufgaben sein können, bestätigen unter anderem Personenrufgeräte oder anpeilbare Notsender in Schwimmwesten oder im Bergsteigergepäck.

15

Kleines Automatentheater

- "Automatik-Grill" nach Scappi
- Vaucansons Ente
- Temperaturänderung zieht Uhr auf
- Noch im 19. Jahrhundert begannen Puppen zu sprechen
- Die Uhr von Cox
- Automaten-Licht — notwendig?
- Süßigkeit aus dem Automaten
- Gut für Kinder, schlecht für Zähne:

Jeder weiß, wie wichtig und verbreitet Automaten sind. Schwieriger ist es, in wenigen Sätzen auszudrücken, was eigentlich ein Automat ist. Selbst Nachschlagewerke tun sich da schwer und weichen in ihren Definitionen voneinander ab.

Unsere Vorfahren hatten es einfacher. Für sie waren Automaten, so schreibt ein weltbekanntes Konversationslexikon noch um die Wende zum 20. Jahrhundert,

»... eine sich selbst bewegende mechanische Vorrichtung, die durch im Innern verborgene Kraftmittel ... in Bewegung gesetzt wird, z. B. Uhren, Planetarien u. dgl.; im engen Sinne ein mechanisches Kunstwerk, welches vermittelst eines innern Mechanismus die Tätigkeit lebender Wesen, der Menschen (Android) oder Tiere, nachahmt und meist auch an Gestalt diesen nachgebildet ist«.

Welch lange Zeitspanne, welch weites Betätigungsfeld liegt zwischen den Automatenbauern der Antike und denen der wissenschaftlich-technischen Revolution! Es erstreckt sich von einfachsten, aber nützlichen Vorrichtungen über eine Fülle von Spielereien, über Münzautomaten und Werkzeugmaschinen bis zu den leistungsfähigen Systemen unserer Tage.

Nicht immer ging es bei den Automatenbauern ehrlich zu. Teilweise waren ihre Erzeugnisse (wie der berühmte Schachspieler des Herrn von Kempelen) direkt Betrug, während andere beim Betrügen helfen sollten. Gerade aus der Anfangszeit der Automaten sind hierfür viele Beispiele bekannt. Auch sie aber beruhten auf Erfahrungen und den jeweils verfügbaren technischen Hilfsmitteln. Priester, Medizinmänner, Gaukler haben von den dadurch gegebenen Möglichkeiten immer wieder Gebrauch gemacht, und auch heute sind sich geschickte »Zauberer« des Beifalls ihres Publikums sicher, obgleich oder auch gerade weil dieses weiß, daß trotz verblüffender Effekte alles mit rechten Dingen zugeht.

Androiden und Automatentheater

Vielerlei ist überliefert von Automaten und Androiden vergangener Jahrhunderte und Jahrtausende, von Tempeltüren, die sich unter Posaunenklang selbsttätig öffneten, von Münzautomaten für Weihwasser, von sich bewegenden oder Tonfolgen pfeifenden hölzernen und bronzenen Vögeln, von kriechenden Schnecken und krabbelnden Käfern, von Androiden, die Gästen die Tür öffneten, sogar von ganzen »Automatentheatern«, deren Figuren kurze Szenen »spielten«.

Soweit uns Einzelheiten dieser Einrichtungen bekannt sind, wissen wir, daß bei ihnen nur mechanische und hydraulische Kraftwirkungen, allenfalls der Druck von Dampf oder gespannter Luft im Spiele waren.

Auf diese Mittel war auch noch Leonardo da Vinci angewiesen; allerdings würde seine automatische Weckeinrichtung heutzutage wohl wenig Beifall finden:

»Dies ist eine Uhr, für solche anwendbar, die in der Verwendung ihrer Zeit geizig sind. Und sie wirkt so: Wenn der Wassertrichter so viel Wasser in das Gefäß fließen ließ, wie in der gegenüberliegenden Waagschale ist, gießt diese, indem sie sich hebt, ihr Wasser in das erstgenannte Gefäß. Dieses hebt, indem es sein Gewicht dadurch verdoppelt, mit Gewalt die Füße des Schlafenden. Dieser richtet sich auf und geht seinen Geschäften nach.«

Gewiß ein eindrucksvolles Verfahren, das sich schon damals vielfältig hätte variieren lassen: durch Wegziehen der Bettdecke etwa, durch ein den Schläfer bearbeitendes Hämmerchen, durch Ausfließen von Wasser auf den Träumer. Verlassen wir uns doch lieber auf den Quarzwecker und seine Elektronik . . .

Kaum jemand würde erwarten, die Beschreibung einer automatischen Einrichtung in einem Kochbuch zu finden, und schon gar

»Automatik-Grill«
nach Scappi
1570

nicht um 1570. Kein Geringerer als der Leibkoch des damaligen Papstes gab sie:

Vom Herd aufsteigende Heißluft treibt ein Flügelrad im Kamin, das den Bratspieß in Rotation versetzt. Bei großer Hitze dreht sich der Spieß schnell, bei geringer langsam, wodurch ein »Anbrennen« mit Sicherheit verhindert werden soll. Eine nützliche Erfindung – wenn sie funktioniert hätte; dazu aber waren die Reibungswiderstände zu groß.

Heißluftturbine als Bratenwender

Die Erfindung der Uhrfeder (nach 1500) kam den Automatenbauern gerade recht, bot sie doch eine neue, raumsparende und lageunabhängige Antriebsmöglichkeit, die sich leichter in einem Gerät unterbringen ließ als z. B. herabsinkende Gewichte oder Flüssigkeitsbehälter. So dauerte es denn auch nicht lange, bis ganze Scharen »künstlicher Lebewesen« auftauchten, teils in verkleinerter Ausführung, teils in Lebensgröße. Automatische Musikanten geigten und bliesen und waren sogar auf mehrere Melodien programmiert. Ritter kämpften miteinander und vergossen »Blut« dabei. Hunde sprangen kläffend aus ihrer Hütte auf einen sich nähernden Besucher zu, bleckten die Zähne oder wedelten mit dem Schwanz. Sogar der große René Descartes (1596–1650) soll Gästen ein »künstliches Mädchen« vorgestellt haben.

Berühmtheit erlangte die künstliche Ente von J. Vaucanson (1709–1782), der – ein vielseitiger Techniker – durch eine Musterwebmaschine bekannt wurde und wahrscheinlich als erster Fräser herstellte. Die Ente fraß, trank, gab nach einiger Zeit »Verdauungsrückstände« von sich und watschelte schnatternd über den Hof.

Uhrfedern trieben nicht nur Uhren

Federuhren müssen aufgezogen werden. Das wurde offenbar schon früher gern vergessen, und so haben bereits in der »vorelek-

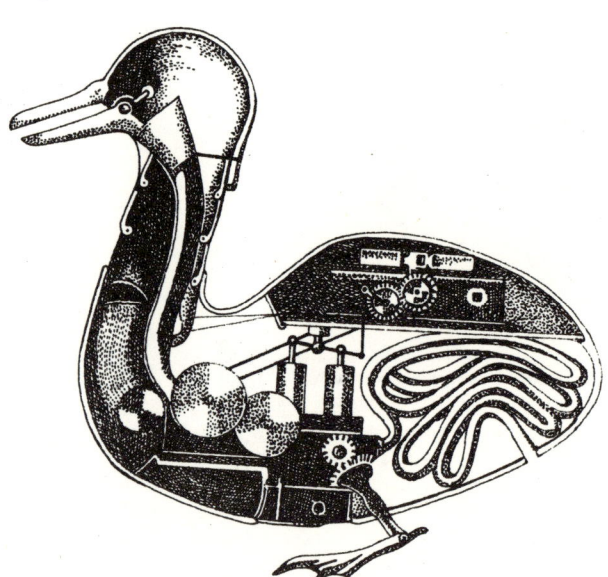

Vaucansons Ente um 1750

trischen« Zeit Techniker versucht, sich selbsttätig aufziehende Uhren zu schaffen.

Um die Mitte des 18. Jahrhunderts ließ sich ein Mechaniker namens Cox eine »ewig laufende« Uhr patentieren, deren Mechanismus durch Luftdruckschwankungen angetrieben wurde. Ihre Kraftquelle war ein Barometer mit nicht weniger als 75 kg Quecksilberinhalt. Das untere Quecksilbergefäß und die am Oberende erweiterte Barometerröhre waren gegeneinander leicht beweglich. Bei steigendem Luftdruck wurde Quecksilber in der Barometerröhre emporgedrückt, Gegengewichte hoben das dadurch erleichterte untere Gefäß an. Bei fallendem Luftdruck wurde es schwerer und sank. Durch einen Hebelmechanismus wurden die Bewegungen so auf das Uhrwerk übertragen, daß dessen Antriebsfeder immer wieder

Luftdruck zieht Uhr auf

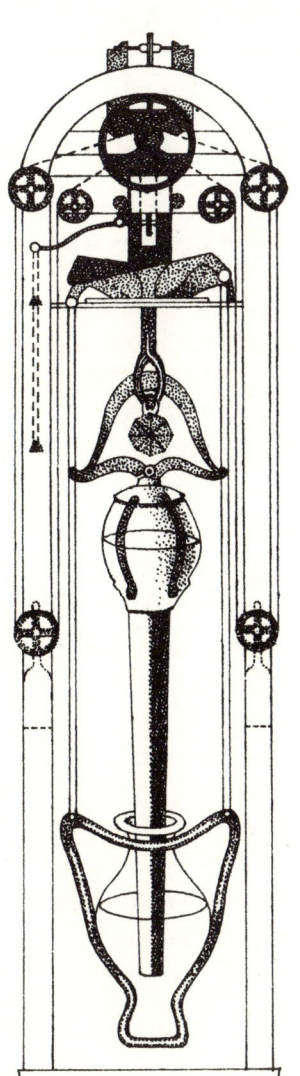

Die Uhr von Cox Mitte des 18. Jh.

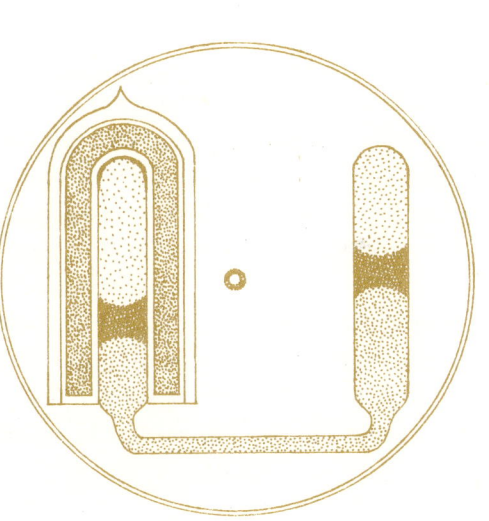

Temperaturänderung zieht Uhr auf nach 1945

nachgespannt wurde. Stunden konstanten Luftdrucks überbrückte die Gangreserve des Federwerks.

Obwohl Quecksilber damals nicht so rar war wie heute – mehrere zehn Kilogramm je Uhr waren doch zuviel. Man kam ohne Quecksilber aus, wenn man das gleiche Prinzip benutzte, nach dem unsere Zimmerbarometer arbeiten: Eine elastische Blech»harmonika« mit im Innern vermindertem Luftdruck und hermetisch abgeschlossen wird bei Luftdruckschwankungen mehr oder weniger zusammengedrückt. Ebenso wie diese geringfügigen Längenänderungen einen Zeiger über einer Barometerskale spielen lassen können, läßt sich, entsprechend größere Ausführung der »Harmonika« vorausgesetzt, auch eine Uhrfeder schrittweise aufziehen.

Temperaturschwankungen können eine Uhr ebenfalls in Gang halten. Ein beiderseits abgeschlossenes U-Rohr enthält Quecksilber und darüber auf beiden Seiten etwas verflüssigtes Ammoniak und gesättigten Ammoniakdampf. Der eine Schenkel des »U« ist gut wärmeisoliert, der andere bleibt unisoliert. Die ganze Anordnung ist an einer drehbaren und mit dem Uhrantrieb verbundenen Scheibe befestigt. Bei Temperaturschwankungen ändert sich das Ammoniakvolumen im unisolierten Schenkel erheblich. Die Quecksilbersäule und damit der Schwerpunkt des Systems verschieben sich, die Scheibe dreht sich um einen solchen Winkel, daß wieder Gleichgewicht hergestellt wird. Diese Drehung reicht zum Nachspannen der Feder aus.

Uhraufzug durch Temperaturschwankungen

Die große Zeit der Verkaufsautomaten begann im 19. Jahrhundert. Es gab sie für hunderterlei Waren und Dienstleistungen, und es muß mit ihnen auch damals manchen Ärger gegeben haben, denn fast jeder Automat trug die tröstliche Aufschrift: Bei Nichtfunktionieren Geld zurück – wobei damals wie heute offenblieb, was geschah, wenn auch die Geldrückgabe versagte.

»Werfen Sie ein 10-Centimes-Stück ein, und Sie erhalten eine Schachtel Bonbons« stand auf den Automaten, die um 1885 zur Freude besonders der Schuljugend in Frankreich und Belgien aufgestellt wurden. Sie sind insofern interessant, als das »Verteilerrad« in ihrem Innern beim Münzeinwurf elektrisch ausgelöst und gedreht wurde. Die dazu nötige Batterie war im Fuß des Automaten untergebracht.

Als werbewirksam erwies sich bis in das 20. Jahrhundert, die Pakkung nicht einfach zu »ziehen«, sondern ein dabei gackerndes Blechhuhn schokoladegefüllte Eier (meist noch eine »Überraschung« enthaltend) legen zu lassen. Besonders in Ausflugsrestaurants versuchte man so, den Eltern hoffnungsvoller Sprößlinge zusätzlich Kleingeld aus der Tasche zu ziehen.

Merkwürdige Verkaufsautomaten

Daß man Zigarren, Streichhölzer, schmerzstillende Tabletten (!), Taschentücher, Zeitungen, Briefpapier, Briefmarken und Fahrkarten mittels Automaten kaufen konnte, versteht sich fast von selbst. Nur ein Gedanke wurde als völlig unsinnig und nicht sicher genug abgelehnt: der selbstbedienbarer Gepäckschließfächer.

Wer wollte, konnte sich schon vor hundert Jahren für eine Münze mit (Phonographen-)Musik berieseln lassen. Falls ihm dabei zu warm wurde, sorgte ein Parfüm spritzender Automat für Erfrischung – und da wir gerade bei Flüssigkeiten sind: Selbstverständlich gab es Getränkeautomaten in reicher Auswahl und mit allen auch heute auftretenden Pannen. Mit Hilfe des Getränks konnte man die drei bis fünf Minuten überbrücken, die ein Photographieautomat brauchte, um das Konterfei seines Kunden zu entwickeln.

Damals wie heute mag es Reisenden etwas suspekt vorgekommen sein, wenn sie in Bahnhöfen oder an einer Passagierpier Automaten mit der Aufschrift begegneten: »Versichern Sie sich vor Reiseantritt – vielleicht werden Ihnen Ihre Kinder dafür dankbar sein.« Ob die Versicherungspolice nötig war oder nicht, konnte man übri-

Gut für Kinder, schlecht für Zähne: Süßigkeit aus dem Automaten um 1885

Automaten-Licht – notwendig? 1890

gens bereits vorher erfahren, indem man Horoskopautomaten befragte. Sie waren Meisterwerke – allerdings nicht der Technik, sondern der Kunst, mit immer neuen (auf einen Zettel gedruckten) Worten stets dasselbe, nämlich nichts, zu sagen, aber doch so zu variieren, daß aufeinanderfolgende Automatenbenutzer wenigstens scheinbar unterschiedliche Voraussagen bekamen. Eine Tradition, die sich in den mit Handauflegen, Bildschirm und »Computergemurmel« arbeitenden Wahrsageautomaten mancher besonders geschäftstüchtigen Firmen fortgesetzt hat.

Im Grunde war nach Erfindung von Dynamomaschine und Glühlampe der Automat für elektrisches Licht schon 1890 ein wenig anachronistisch (obwohl er in Gas- und Stromzählern, die mit Münzen gefüttert werden mußten, bis nach 1930 weiterlebte). Man mußte nur eine Münze einwerfen und dann – so stand es in der Bedienanleitung – einen Knopf »kräftig« drücken. Dabei wurde das Licht eingeschaltet und ein Uhrwerk in Gang gesetzt, das den Strom nach einer bestimmten Zeitspanne wieder abschaltete. Der Erfinder glaubte, seine Schöpfung sei für Eisenbahnabteile, Schiffskabinen usw. ideal, »um lesen, einen Brief schreiben, eine Zigarre zu beschneiden oder – wichtig für Damen – das Exterieur restaurieren zu können«.

Androiden hatten oft Menschen- oder Puppengestalt und vollbrachten erstaunliche Dinge. Können wir es den Puppenmüttern verargen, daß sie neidvoll auf diese Schwestern ihrer Lieblinge blickten und sich nicht damit zufrieden geben wollten, daß Spielpuppen allenfalls (schon um 1800) die Augen auf- und zuklappten, wenn man sie von der Vertikalen in die Horizontale schwenkte, oder auch Laute von sich gaben, so man sie gewaltsam drückte? Puppen sollten verständliche und »richtige« Sätze sprechen, Liedchen singen können usw.

Sozusagen zur richtigen Zeit erfand T. A. Edison seine »Sprechmaschine« und schlug ihren Einsatz auch für Puppen vor – übrigens nicht ganz so uneigennützig, denn seine Beteiligung an einer »Sprechpuppenfabrik« erwies sich als recht gewinnträchtig.

Sprechpuppen – schon zu Uropas Zeiten

Auf einem mit Wachs bedeckten, kurzen Zylinder waren Sätze, Lieder usw. gespeichert. Sofern man die Puppe mit einem Schlüssel, der in ihre Kehrseite eingeführt wurde, durch Aufziehen ihres Uhrwerks animierte, begann sie zu plappern, allerdings mit zunehmend »rauchiger« Stimme, denn die Wachsschicht nutzte sich schnell ab.

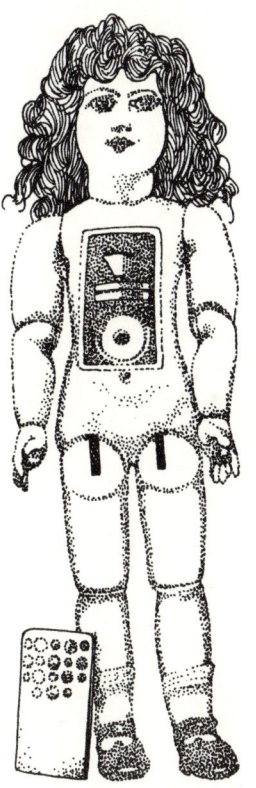

Noch im 19. Jahrhundert begannen Puppen zu sprechen 1894

Doch kein Grund zur Besorgnis: Man klappte die Bauchdecke auf, setzte einen neuen Zylinder ein, der nächste Text wurde gesprochen. Nicht einmal Fremdsprachen waren für diese Puppen ein Problem!

Puppen von heute, auch Spieltiere können das, allerdings enthält ihre Anatomie statt des Phonographen einen Minikassettenrecorder. Außerdem laufen sie, tanzen im richtigen Takt oder bedürfen in gewissen Zeitabständen des Trockenlegens, nachdem sie tranken. Es gibt sogar Teddybären, die vernehmlich schnarchen und so die lieben Kleinen zum Einschlafen verleiten sollen.

Kuriose Technik? Gewiß – doch selbst im raunzenden Teddy steckt ein wenig moderne Automatik wie auch im »sprechenden Backherd« oder im Kühlschrank, der die Hausfrau unterrichtet, der Kuchen sei fertig, oder der den Hausherrn ermahnt: »Iß und trink nicht soviel, und schon gar nicht spät abends!«

Immer wird die Technik nicht nur unser Leben bereichern, sondern auch Kurioses hervorbringen. Noch unsere Enkel und Urenkel werden darüber lachen, sicherlich aber auch manches benutzen, was wir heute nicht oder noch nicht ernst nehmen.

Kurioses Register

a

Alarmvorrichtung gegen Scheintod 78
Amphibienfahrzeug 183
Analog-Digital-Herren-Armbanduhr 80
Androiden 204, 211
Antriebsmaschine (mit Schießpulver) 182
Äolipile 13
Armbanduhr mit Sonnenzelle 48
Armbanduhrsender 202
Auto-Flugzeug 185
Automat für elektrisches Licht 210
automatische Musikanten 206
automatische Weckeinrichtung 205
Automobil, fliegendes 183
Autoscooter 137

B

Backherd, sprechender 212
Backröhre, sprechende 82
Bagger 146
Ballon (mit Schlagflügeln) 166
Ballon, Polarflug im 158
Ballon, steuerbarer 159
Ballonexpedition 158
Ballonprojekte 156
Barke, fliegende 157
Bett, vorgewärmtes 59
Bildtelegraf 196
Blindenlesegerät 88
Bohrinsel 144
Boje für Schiffbrüchige 70
Brancas Dampfturbine 12

Brandungsboot 137
Bratmaschine 50
Bratspieß, automatischer 206
Brennglaswagen 39
Bürgersteig, rollender 102
Bus, zweistöckiger 111

D

dampfbetriebene Wiege 50
dampf-elektrische Lokomotive 115
Dampfkanone 18
Dampfkutsche 106
Dampfmaschine 8, 10, 33, 72, 104, 105, 156, 168, 169, 177
Dampfomnibus 108, 111
Dampfrollwagen 111
Dampfschiff 130
Dampfturbine Brancas 13
Dampfwagen 104, 105, 111
Dampfzweirad 107
Deckbetthalter 60
Digitaluhr 80
Doppeldecker 183
Drachenflieger 183
Draisine 118, 145
Druckluftlokomotive 116
Druckluftmotor 154
Druckpresse mit Solarantrieb 42

E

Eierschälmaschine 50
Einmannhubschrauber 142
Einrad 120
Einschienenbahn 114, 115

Eisbergwarngerät 197
elektrische Heizdecke 59
elektrischer Fahrzeugantrieb 98
elektrisches Feuerzeug 53
elektrisches Luft-Velociped 122
Elektroluftschiff 162
Elektromobil 46
Elektromotor 10, 162
Ente, künstliche 206
Entenflugzeug 182
Equibus 95

F

Fadentelefon 190
Fähre, rollende 133
Fahrmaschine 119
Fahrrad 11, 118, 172
Fahrrad, fliegendes 174, 183
Fahrrad mit Beiwagen 128
Fahrradrikshah 127
Fahrradtandem 96
Fahrtreppe 102
Fahrwerkbeine, schwenkbare 183
Fahrzeugantrieb, elektrischer 98
Faß, fliegendes 161
Fernsprecher 192
feuerlose Lokomotive 116
Feuerzeug, elektrisches 53
Feuerzeug, pneumatisches 51
Flettner-Rotor 150
fliegende Barke 157
fliegendes Automobil 183
fliegendes Fahrrad 174, 183
fliegendes Faß 161

Flugapparat von de
 Groof 170
Flugmaschine Baranows-
 kis 179
Flugmaschine mit Muskel-
 antrieb 169
Flugmaschine von Gou-
 pil 174
Flugschrauber 142
Flugzeug 164
Flugzeugmodell 178
Flugzug 186
flüssige Luft 22
Flüssigluftfahrzeug 22
Fotoelement 45
Füllfederhalter 83
Fünfsitzer 127
Funkleuchtturm 199
Funkpeilung 198
Fußantrieb (für Fahr-
 zeuge) 93

g

Ganzmetalluftschiff 166
Gasballon 157
Gasmotor 10
Gas- und Stromzähler
 210
Gepäckschließfach 209
Getränkeautomat 209
Göpel 9, 10, 132
Grill, selbsttätiger 50
Gyroantrieb 98
Gyrobus 99

H

Hamsterrolle 10
Haushaltsuniversalma-
 schine mit Hundean-
 trieb 11
Heber 30
Heißlufturbine 50
Heizdecke, elektrische
 59
Himmelswagen 168
Hippo-Lokomotive 116
Hochdruck-Dampfma-
 schine 106
Hochrad 120
Holländer 93
Horoskopautomat 210
Hubschrauber 156, 186

Hundetretrad für Nähma-
 schinen 10
Hutschirm 63
Hybridluftschiff 166

i

Infrarotpeilung 198

J

Jedermannsflugzeug 173

K

Kapillarmaschine 34
Kessel mit Sonnenhei-
 zung 44
Kettenheber 31
Klappbett 59
Kleindampfwagen 107
Kleinstempfänger 201
Kleinstfernseher 202
Knallgasauto 22
Knallgaskanone 19
Knallgasmotor 20
Knallgasverbrennung 20
Kollisionsverhütung
 196
Kontakttafel 192
Kraftfahrzeug 22
Kreisel 98
(kreisel)stabilisierte Platt-
 form 140
Kücheneisenbahn 57
Kugelfahrrad 121
Kugelschreiber 83
Kuhfänger 76
Kühlbox, sonnenbetrie-
 bene 48
künstliche Ente 206
künstliches Mädchen
 206
Kurbelantrieb 11

L

Laufrad 118
Lesehilfe 88
Leuchtfeuer (mit Wellen-
 antrieb) 16
Lichtnetzantenne 200

Lichtsprechgerät 192
Linearmotor 114
Liqueurtelephon 55
Lokomotive 113
Lokomotive, beflügelte
 177
Lokomotive, dampf-elek-
 trische 115
Lokomotive, feuerlose
 116
Lokomotive, schreitende
 112
Luftfahrrad 152
Luftkissen 67, 114
Luftkissenfahrzeug 133
Luftmatratze 59
Luftschiff 156, 159, 165
Luftschiff Campbells
 160
Luftschiff Giffards 160
Luftschiff, scheibenförmi-
 ges 166
Luftschiffahrt (mit Elek-
 tromotoren) 162
Luftschraube 160, 177,
 183
Luftturbine 13
Lunochod 142

M

Mädchen, künstliches
 206
Maxirollschuh 119
Mehrsitzer 127
Milchflasche, temperatur-
 geregelte 50
Minifahrrad 119
Minihubschrauber 142,
 154
Mondmobil 142
Morsetafel 190
Motorrad/Kraftwagen
 (Kombination) 97
Motortandem 96
Musikanten, automati-
 sche 206
Muskelantrieb 132
Muskelarbeit 8
Muskelkraftantrieb (Luft-
 schiff) 160
Muskelkraftflugzeug 46,
 172
Muskelkraft-Luft-
 schiff 160

N

Nähmaschinenantrieb durch Hunde 10
Niederrad 119
Notruf-Fernsprechzelle 192
Notsender 202

O

Ohrempfänger 201
Omnibus 94, 95, 108
Optophon 88

P

Perpetuum mobile 24
Perpetuum mobile 2. Art 33
Perpetuum mobile, elektrisches 35
Perpetuum mobile mit Kugellauf 26
Perpetuum mobile mit Wünschelruten 31
Perpetuum mobile von Maricourt 31
Perpetuum mobile von Strada 28
Perpetuum mobile von Zonca 30
Personenaufzug (am Treppengeländer) 63
Pferdebahn 116
Phonograph 81, 85, 212
Photographieautomat 209
Photophon 192
Plattenbar 85
pneumatisches Feuerzeug 51
Polarflug (im Ballon) 158
Propeller-Elektroantrieb (für Schiffe) 136

R

Räderschiff 134
Radioanzug 201
Radioempfänger (im Hut) 201
Radiopneu 200
Radiowecker 50
Raketenantrieb 164
Reaktionsschiff 133
Reibungsherd 50
Reise-Rettungsgeräte 68
Repetieruhr 81
Rettungsboje/Wasserfahrrad 72
Rettungsgeräte 68
Rettungshelm 69
Riesenflugzeug 180
Riesenluftschiff 166
rollende Fähre 133
rollender Bürgersteig 102
Rollschuhe mit Antrieb 91
Röntgeneinrichtung, fahrbare 11
Rotorschiff 149
Rucksackflugzeug 154
Rückstoßantrieb 164, 166
Rückstoß-Luftschiff 164
Ruder, dampfgetriebenes 132

#

Sägeblattfeuerzeug 54
Saugheber 30
Schallortungsgerät 196
Schallplatte 81, 82
Schaufelradschiff 131
Scheintod, Alarmvorrichtung gegen 78
Schiffsschraube 72
Schirmhut 63
Schlagflügel 160
Schlagflügler 172
Schlagruder 160
Schleppzug (Luftfahrt) 186
Schlingerkiel 138
Schlingertank 138
Schnarchen, Verhütung des Schnarchens 59
Schnurrbartschützer 50, 58
Schreitbagger 144
schreitende Lokomotive 112
Schreitgeräte 143
Schreitmobil 143
Schreitwerk 142
Schubkarren 144
schwenkbare Fahrwerkbeine 183
Schwingenflugzeug 170
Segel 144
Segelflugzeug 186
Segel-Motor-Schiff 146, 148
Segelschiff 142, 144
Segelwagen 142, 144, 145, 146
Selbstfahrer 92
Sicherheitsfahrrad 119
Siliziumfotoelement 45
solargespeister Kessel 44
Solarkonstante 38, 45
Sonnenanlagen für Höchsttemperaturuntersuchungen 39
Sonnenauto 46
sonnenbetriebene Kühlbox 48
Sonnenenergie zur Dampferzeugung 41
Sonnenfeuerzeug 48
Sonnenflugzeug 46
Sonnenheizung für Kessel 44
Sonnen-Kaffeemaschine 44
Sonnenkocher 44
Sonnenöfen 39
Sonnenzellenauto 46
Spazierstock mit Gummiknüttel 60
Spazierstock, schießender 60
Spinnwebflügler 173
Spitzenschreiber 83
Sprache, synthetische 85
sprechende Puppe 211
sprechender Backherd 212
Sprechmaschine 85, 211
Springbrunnen (mit Brenngläsern) 40
springende Zeiger 80
Stabilisierungskreisel 114, 138
Stahlschreibfeder 82
Stangenkunst 14
Strahlflugzeug 156
Straßenbahn 77, 116
Straßenhüpfer 90

215

Straßenlokomotive 116
Stromabnahme (Straßenbahn) 77
Stromschiene 78
synthetische Sprache 85

t

Tandem 127
Taschenfeuerzeug 51, 53
Taschenlampe (mit Solarzellen) 48
Taschenrechner (mit Solarzellen) 48
Taschenuhr (mit springenden Zeigern) 80
Telefon 192
Telegraf, elektrischer 189
Telegraf, elektromagnetischer 191
Telegraf, magnetischer 189
Telephonium 189
temperaturgeregelte Milchflasche 50
Tintenkuli 83
Tragflügelfahrzeug 133
Tragschrauber 154

Treträder 9, 10, 11, 131, 134
Tunkfeuerzeug 52

Uhr, ewig laufende 207
Uhr, sprechende 82
Ultraschalltechnik 198

Vakuumluftfahrzeug 156
Vakuumluftschiff 166
Verkaufsautomat 208
Videotelefon 196
Vögel, vorgespannte 160

W

Wahrsageautomat 210
Walzenschiff 134
Wärmestoff 32
Warmluftantrieb 13
Warmluftballon 157
Wasserbett 59
Wasserfahrrad 122

Wasserstrahlantrieb 133
Wasserwerfer 95
Weckeinrichtung, automatische 205
Wellenmaschine 16
Wiege, dampfbetriebene 50
Windkraftwerk 13
Windmotor 13
Windmühle 11
Windrad 146
Windwagen 144, 145

Z

Zahnbürste 58
Zahnradlokomotive 113
Zambonische Säule 35
zeitansagende Schallplatte 82
Zeitzeichensender 198
Zugkollisionen 72
Zündhölzer 52
Zündmaschine Doebereiners 51, 53
Zweidecker 95
zweite Verkehrsebene 102
Zwölfspänner 128

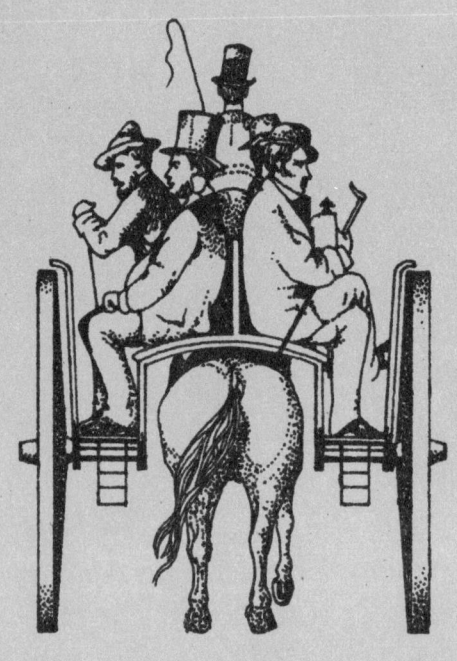